はじめての
デバイス評価技術
第2版

二川 清 著

森北出版株式会社

● 本書のサポート情報を当社Webサイトに掲載する場合があります．下記のURLにアクセスし，サポートの案内をご覧ください．

https://www.morikita.co.jp/support/

● 本書の内容に関するご質問は，森北出版 出版部「(書名を明記)」係宛に書面にて，もしくは下記のe-mailアドレスまでお願いします．なお，電話でのご質問には応じかねますので，あらかじめご了承ください．

editor@morikita.co.jp

● 本書により得られた情報の使用から生じるいかなる損害についても，当社および本書の著者は責任を負わないものとします．

■ 本書に記載している製品名，商標および登録商標は，各権利者に帰属します．

■ 本書を無断で複写複製（電子化を含む）することは，著作権法上での例外を除き，禁じられています．複写される場合は，そのつど事前に（一社）出版者著作権管理機構（電話03-5244-5088, FAX03-5244-5089, e-mail：info@jcopy.or.jp）の許諾を得てください．また本書を代行業者等の第三者に依頼してスキャンやデジタル化することは，たとえ個人や家庭内での利用であっても一切認められておりません．

第2版まえがき

　本書の初版「はじめてのデバイス評価技術」が出版されてから 10 年以上が経ちました．その間，多くの読者を得，現在もいろいろな場面で利用されていると聞きます．しかし，残念なことに初版の出版元（工業調査会）が営業を停止し，増刷ができなくなりました．幸いなことに今回，森北出版から出版していただくことになりました．これを機会に，この 10 年で古くなったところや説明がわかりにくかった箇所は大幅に改訂しました．初版の構成はそのまま残し，内容も普遍性のあるところはデータが古くてもそのまま残しました．事例は新しいものをいくつか追加しました．また，略語一覧を新たに作成しました．コラム欄は読者から好評を得ていたので，個人的すぎるものは省きましたが，大部分は残しました．

　あらたな事例の引用を許可してくださいました LSI テスティング学会と原典の著者各位に感謝します．

　本書の装丁は，新たに友人の画家，鍋田康男君にお願いしました．本書の内容にぴったりの斬新なデザインになりました．ありがとうございました．

　本書の出版に際して，改訂版の出版を勧めてくださった森北出版の斉藤 亮様（元工業調査会），出版に際してお骨折りいただいた森北出版の石田昇司様，大橋貞夫様，小林巧次郎様にお礼を申し上げます．

2012 年 7 月

二川 清

まえがき

　本書は，デバイス評価技術に関して，はじめて学ぶ人にも，また再学習する人にも，あるいはハンドブック的に使う人にも，役立つように配慮した．

　本書でいう「デバイス」とは，**半導体デバイス**のことである．具体的にあげた例はすべて，半導体デバイスの中でも代表的な，シリコン集積回路（IC）（シリコンデバイスともよぶ）である．シリコン集積回路はその規模の面から IC，LSI，VLSI，ULIS，と区別されることもあり，機能面からメモリやマイクロプロセッサーなどと区別される．本書では，そのような規模や機能による違いの詳細には関わらない「評価」を対象にしている．図1でいうとグレーの円の内部である．

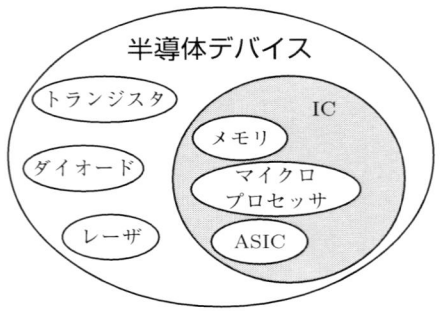

図1　本書で扱う範囲

　本書でいう「評価」は，「機能の評価」，「信頼性の評価」，「故障の評価＝**故障解析**」に大別できる．「機能の評価」に関しての説明は，機能の違いによる詳細にまでは立ち入らない範囲に止めた．また，章立てとしては，信頼性の評価を**信頼性試験**と**寿命データ解析**に分けた．

　第1章ではデバイス評価に最低限必要なデバイスの特徴を述べた．

　第2章は続く三つの章を概観した．

　第3章から第6章が本書の中心を成す．これらの章で扱っている手法や技術が，製品のどのフェーズ（研究開発，試作・量産，市場）で使われるかを表1にまとめて示す．

表1 本書の各章が関連するフェーズ

製品のフェーズ	3章 信頼性試験	4章 故障解析	5章 寿命データ解析	6章 事例
研究開発	○	○	○	○
試作・量産	○	○	○	○
市場	-	○	○	○

　デバイス評価技術のベースになる技術は非常に広範囲にわたっているため，その全体を理解するのは並大抵ではない．デバイス評価技術に関して，ある分野では深い知識と経験をもつ人でも，ほかの分野に関してはごく初歩的な知識すらないのは珍しくない．

　そのような事情に鑑み，本書では，はじめてその技術について学ぶ人のために，記述はできるだけ基本的なところからはじめるようにした．そのため，あるいはくどく感じられるところがあるかもしれない．もしくどく感じられたら，そのようなところは，読み飛ばしていただけばよい．一方で，ほかの箇所との重複が多く，あまりにもくどくなりそうなところでは，注釈なしで，専門用語や専門的な概念をそのまま用いた．読者が専門的にバックグランドがない箇所に出くわした際には，すぐに専門用語や専門的概念の基礎からの解説がある箇所を探せるように，索引を詳細に作成した．話の流れとしては記述が必要であるが，まわりくどかったり，はじめての人にとっては専門性が高すぎるところは脚注とした．脚注は必要に応じて取捨選択して読んでいただければよい．

　本書では数式をできるだけ使わないように心がけた．ただ，数式がないと実務的には意味がない場合や，数式があればわかりやすいということも多い．その場合は，数式なしでも理解できるが，数式を参照したほうがより理解が深まり，実務にも役立つという記述法をとるようにした．数式が苦手な方は数式を飛ばして読んでいただければよい．その場合にも実務的には役立つように，数式に対応するグラフか数値例をできるだけあげるようにした．図で用いる具体的な値も，できるかぎり実際のデバイスの典型的な値を用いるようにした．また，写真も多く入れた．それらの図や具体的数値や写真を見ることにより，実際のイメージをつかんでいただきたい．

　筆者はNECに入社以来，半導体デバイスの信頼性技術を長く担当し，現在は評価技術の研究開発に携わっている．また，長い間，（財）日本科学技術連盟において各種セミナーや研究会の講師や世話役をしている．社内においても半導体デバイス担当の技術者を対象にした講義を長年行っている．本書は，そのような経験を元に執筆した．また，そのような経験のなかでのエピソードや少し柔らかい話はコラムとして盛り込んだ．気楽に読んでいただければ幸いである．

この本の執筆に際しては，大変多くの方々のお世話になった．

　まず，本書の執筆を薦めてくださった工業調査会出版部の伊海政博部長にお礼を申し上げたい．日ごろ講義をする際に手ごろなテキストがなく，なんとかしなくてはと長い間考えていたところに，伊海氏の薦めがトリガーとなり，本書を書くことができた．伊海氏の薦めがなければ，このような本はできあがらなかった．

　本書に使用したデータ（写真，数値データ）の多くは，周囲の多くの方々のご好意で利用することができた．筆者が初版執筆当時所属していたNECのデバイス評価技術研究所では評価技術の研究開発とともに，当時，開発・製造・使用されていたデバイスの評価・解析も日常的に行っていた．本書では，そこで得られたデータも数多く使用させていただいた．これらのデータがなければ本書は具体例に乏しいものになったであろう．データを使わせていただいた方々のお名前はデータとともに個別に記したので，ここには記さないが，厚くお礼申し上げる．また，当研究所で評価・解析していたデバイスはNECの半導体グループならびに関係会社で開発・製造していたものである．これらのデバイスがなければ当然，本書のデータも存在し得ない．これらのデバイスの解析結果を本書あるいはその元になった文献で使用することを許可くださった方々にも厚くお礼申し上げる．

　また，既発表の文献から引用させていただいたものについては，引用許可を得たうえで，出典を引用箇所に記した．すべての方が，快く引用を許可してくださった．厚くお礼を申し上げたい．

　最後に，本書の原稿をお読みいただき，多くのアドバイスをいただいた方々に感謝したい．CARE研究会[1]のメンバーの方々には多くのアドバイスをいただいた．とくに，CARE研究会の主の一人である帝京科学大学（元NEC）の益田昭彦教授（当時）とNEC（当時）の横川慎二氏には多くの有意義なアドバイスをいただいた．また，CARE研究会のもう一人の主である電気通信大学の鈴木和幸助教授（当時）には，長期滞在中のカナダからe-mailで多くの有意義なアドバイスをいただいた．

　もちろん，これらの有益なデータや助言をいただいたにもかかわらず，誤りや勘違いがまだ残っているとすれば，筆者の浅学菲才によるものである．読者からのご叱責やアドバイスをいただければ幸いである．

1999年9月

二川　清

---

[1] 電気通信大学で月に1回程度非公式に開催されていた研究会．CARE（Computer Aided Reliability Engineering）という名前はついているが，コンピュータ支援の有無にはこだわらず，信頼性に少しでも関係あれば研究対象としている．また，デバイスだけでなく，機器，システムなども対象としている．

もくじ

第1章　半導体デバイスの特徴　1

1.1　見かけよりも中身が充実　1
 1.1.1　パッケージの最大ピン数は数千ピン　2
 1.1.2　チップ上のトランジスタや配線の数は10億以上　2
 1.1.3　シリコンデバイスといっても使用されている材料は多彩　5
1.2　半導体デバイスの故障の特徴　6
 1.2.1　直列系かつ非修理系（わずか1箇所でも故障すれば機能を失い，2度と使えない）　6
 COLUMN 1：半導体デバイスの冗長設計　6
 1.2.2　故障モードと故障メカニズム　10
 1.2.3　故障時間の分布は非対称（左の裾が重要）　12
 1.2.4　バスタブ曲線　14
 1.2.5　故障現象は原子レベルまで追求が必要　16
1.3　重要な故障原因と故障メカニズム　17
 1.3.1　エレクトロマイグレーション（小さな電子が大きな原子を動かす）　19
 COLUMN 2：$n=2$ と信じこんで大失敗　25
 1.3.2　ストレスマイグレーション（温度差が生むストレスが原因）　26
 1.3.3　TDDB（時間経過が必要な絶縁破壊）　28
 1.3.4　その他の重要な故障原因・故障メカニズム　28

第2章　デバイス評価技術概要　29

2.1　機能の評価（テスティング）　29
2.2　信頼性試験（耐久性・耐環境性の試験）　30
 2.2.1　信頼性試験の特徴　30
 2.2.2　加速寿命試験または耐久性試験（寿命の評価）　32
 2.2.3　環境試験（限界の評価）　32
2.3　故障解析　32
 2.3.1　故障箇所絞り込み技術（故障箇所を探す）　33
 2.3.2　物理的解析技術（故障の根本原因の究明）　34
2.4　寿命データ解析（故障時間を解析する）　35

  2.4.1 寿命データの種類 35
  2.4.2 寿命データの解析法 37

第 3 章 信頼性試験 39

 3.1 基本的な考え方 39
  3.1.1 限界モデルと耐久モデル 39
  3.1.2 寿命加速 39
  3.1.3 律速過程 42
  3.1.4 ストレス-強度モデル 43
  3.1.5 マイナー則 44
  3.1.6 製品での評価と TEG での評価 45
  3.1.7 信頼性試験項目と試験条件の例 46
  COLUMN 3：赤外顕微鏡ではじめて見えたデンドライト 47
 3.2 ESD シミュレーション試験 48
 3.3 信頼性試験手段のスクリーニングへの応用 49
 3.4 OC 曲線（信頼性試験結果にもとづく合否判定） 49

第 4 章 故障解析 51

 4.1 故障解析の手順（一歩間違えるとゲームオーバー） 51
 4.2 故障解析技術をすっきり分類 52
  4.2.1 しくみ面からの分類 53
  4.2.2 機能面からの分類 61
  （1） 電気的評価方法 61
  （2） 特異現象観察法 63
  （3） 形態観察法 65
  （4） 加工法 68
  （5） 組成分析法 70
  COLUMN 4：EPMA か XMA か？ 72
 4.3 パッケージ外からの電気的評価 73
 4.4 パッケージ部の故障解析 74
  4.4.1 超音波顕微鏡 75
  4.4.2 X 線透視/X 線 CT 75
  4.4.3 ロックイン利用発熱解析法 76
 4.5 チップ部の故障解析 76

4.5.1　パッケージ開封（開けてみないと分からない）　76
  4.5.2　故障箇所絞り込み技術（壊さずに見当をつける）　80
    （1）　手軽な光学顕微鏡　80
    （2）　PEM法　80
    （3）　多用途のOBIRCH装置　82
    （4）　ホットスポットの検出には液晶塗布法　84
    （5）　オーソドックスなEBテスタ　85
  COLUMN 5：EBTSからLISTSへ　90
    （6）　裏の主役はコンピュータ利用法　90
    （7）　多芸を誇るFIB法　91
    （8）　90年代にリバイバルしたOBIC法　94
    （9）　チップ裏面からの観測　95
  4.5.3　物理（化学）的解析技術（壊してでも根本原因を究明）　95
    （1）　SEM法（拡大観察にも，元素分析のプラットフォームにも）　96
    （2）　TEM法（拡大観察，結晶構造観察，さらには元素分析のプラットフォームにも）　98
    （3）　EPMA法，とくにEDX法（元素分析手法の代表格）　98
    （4）　オージェ電子分光法，AES（ごく表面の分析）　100
    （5）　SPM法（今後の活躍に期待）　101

第5章　寿命データ解析　　103

  5.1　寿命データ解析の基礎　103
    5.1.1　信頼性の用語　104
    5.1.2　サンプリングは必須　106
    5.1.3　寿命分布（寿命は大きくばらつく）　108
      （1）　分布の基礎　108
      （2）　重要な3分布　113
  5.2　寿命データ解析の流れ　120
  5.3　プロット法（グラフィックな解析法）　125
    5.3.1　確率プロット法（素性のよいデータに）　125
      （1）　ワイブル確率プロット法　126
      （2）　対数正規確率プロット法　129
    5.3.2　累積ハザード値を元にしたプロット法（どんなデータでも）　131
  5.4　数値解析法（指数分布なら簡単）　134
    5.4.1　指数分布の場合の区間推定　134
    5.4.2　最尤法　136

5.5 アレニウスプロット法（温度加速性をみる） 137

第6章　具体例・応用事例　　140

6.1 EM 試験の典型的手順　140
　6.1.1 はじめに　140
　6.1.2 EM とは　141
　6.1.3 EM を評価するための TEG　142
　6.1.4 EM の寿命分布と加速要因　143
　6.1.5 EM を評価するための試験条件と試験結果　144
　6.1.6 EM の試験結果の解析と寿命予測　145
6.2 EM の寿命分布事例 1（ロット間のバラツキ）　147
6.3 EM の寿命分布事例 2（裾の分布）　148
6.4 DRAM 工程不良の解析事例（配線間ショートの OBIRCH → FIB → TEM → EDX による解析）　153
6.5 IR-OBIRCH 法による観測事例（PEM では見えなかった）　155
6.6 チタンシリサイド配線高抵抗部の解析事例（OBIC/VL-OBIRCH, IR-OBIRCH, NF-OBIRCH → FIB → TEM → D-STEM → EDX による解析）　156
6.7 PEM を用いた故障解析事例（テストパタンをまわしながら解析）　159
6.8 パッケージ中のボイドを X 線 CT で解析した事例　160
6.9 ナノプロービング，SEM，TEM/EELS を用いた故障解析事例　161
6.10 SIL/PEM，STEM/EDX，電子線トモグラフィーを用いた故障解析事例　164
6.11 SSRM を用いた故障解析事例　166
COLUMN 6：傾けたらショート　167

参考文献・引用文献　169
さくいん　176

略語一覧

略語	フルスペル	対応日本語，読み方など
3D-AP	three-dimensional Atom Probe	3次元アトムプローブ
AES	Auger Electron Spectroscopy	オージェ電子分光
AFM	Atomic Force Microscope	原子間力顕微鏡，エーエフエム
ASIC	Application Specific Integrated Circuit	特定用途向け集積回路，エイシック
BGA	Ball Grid Array	ビージーエー
CCD	Charge Coupled Device	電荷結合素子，シーシーディ
CD	Critical Dimension	(最小) 限界寸法，シーディー
CL	Cathode Luminescence Spectroscopy	カソードルミネッセンス分光法
C_s corrector	Spherical-aberration corrector	球面収差補正装置，シーエスコレクター
CT	Computed Tomography	コンピュータ断層撮影，シーティー
DRAM	Dynamic Random Access Memory	ダイナミック・ランダムアクセス・メモリ，ディーラム
EBAC	Electron Beam Absorbed Current	電子ビーム吸収電流，イーバック
EBIC	Electron Beam Induced Current	電子線誘起電流法，イービック
EBT	Electron Beam Tester	電子ビーム (EB) テスタ
EBSD または EBSP	Electron Back Scattering Diffraction Patterns	後方散乱電子回折 (パタン)，イービーエスディー (ピー)
EDX または EDS	Energy Dispersive X-ray Spectrometry	エネルギー分散型X線分光法，イーディーエックス，イーディーエス
EELS	Electron Energy Loss Spectroscopy	電子線エネルギー損失分光法，イールス
EM	Electromigration	エレクトロマイグレーション，イーエム
EOS	Electrical Overstress	過電圧・過電流ストレス，イーオーエス
EPMA	Electron Probe Microanalysis	電子線プローブ微小部分析法，XMAともいう．
ESD	Electro Static Discharge	静電気放電，イーエスディ
FIB	Focused Ion Beam	集束イオンビーム，エフアイビー，フィブ
FIT	Failure Unit	故障率の単位：10^{-9}/時間，フィット
FTIR	Fourier Transform Infrared Spectroscopy	フーリエ変換赤外分光法，エフティーアイアール
HAADF-STEM	High-Angle Annular Dark-Field Scanning TEM	高角環状暗視野STEM，ハーディフ・ステム
LAADF-STEM	Low-Angle Annular Dark-Field Scanning TEM	低角環状暗視野STEM，ラーディフ・ステム

略語一覧

略語	フルスペル	対応日本語，読み方など
HAST	Highly Accelerated Stress Test	高加速ストレス試験，非飽和PCT試験の別名，ハースト
IC	Integrated Circuit	集積回路，アイシー
I_{DDQ}	Quiescent I_{DD}	準静的電源電流，アイディーディーキュー
IR-OBIRCH	Infrared OBIRCH	赤外利用OBIRCH，アイアールオバーク
LADA	Laser Assisted Device Alteration	ラーダ
LOC	Lead On Chip	エルオーシー
LSM	Laser Scanning Microscope	レーザー走査顕微鏡，エルエスエム
L-SQUID または L-SQ	scanning Laser-SQUID microscope	走査レーザSQUID顕微鏡，レーザースクイド
LTEM	Laser Terahertz Emission Microscope	レーザテラヘルツ放射顕微鏡，エルテム
LVI	Laser Voltage Imaging	エルヴィアイ
LVP	Laser Voltage Probing	エルヴィピー
M1	Metal 1	第1層目配線，エムワン
MCT	Mercury Cadmium Telluride	水銀カドミウムテルル
MEMS	Micro Electro Mechanical Systems	微小電気機械システム，メムス
MPU	Micro Processing Unit	マイクロプロセッサ，エムピーユー
MTTF	Mean Time To Failure	平均寿命，エムティーティーエフ
NA	Numerical Aperture	開口数，エヌエー
NBTI	Negative-Bias Temperature Instability	負バイアス温度不安定性，エヌビーティーアイ
NF-OBIRCH	NearField Optical proBe Induced Resistance CHange	近接場光学プローブ利用OBIRCH，エヌエフ・オバーク
OBIC	Optical Beam Induced Current	光ビーム誘起電流，オービック
OBIRCH	Optical Beam Induced Resistance CHange	光ビーム加熱抵抗変動検出法，オバーク
PBTI	Positive-Bias Temperature Instability	正バイアス温度不安定性，ピービーティーアイ
PCT	Pressure Cooker Test	プレッシャークッカー試験，ピーシーティー
PEM	Photo Emission Microscope	エミッション顕微鏡
PICA	Picosecond Imaging Circuit Analysis	パイカ
PIND	Particle Impact Noise Detection	粒子衝突雑音検出，ピンド
PKG	Package	パッケージ
RCI	Resistive Contrast Imaging	抵抗性コントラスト像，EBACに基づく．
RIE	Reactive Ion Etching	反応性イオンエッチング
RIL	Resistive Interconnection Localization	リル，日本ではSDLに含めてよばれることも多い．
SCM	Scanning Capacitance Microscope	走査容量顕微鏡，エスシーエム
SCOBIC	Single Contact OBIC	単一コンタクトOBIC，スコービック

略語	フルスペル	対応日本語，読み方など
SDL	Soft Defect Localization	エスディーエル
SEM	Scanning Electron Microscope	走査電子顕微鏡，セム
SIM	Scanning Ion Microscope	走査イオン顕微鏡，シム
SIMS	Secondary Ion Mass Spectrometry	2次イオン質量分析法，シムス
SiP	System in Package	シップ，エスアイピー
SIV	Stress Induced Voiding	エスアイヴイ
SM	Stress-Migration	ストレスマイグレーション，エスエム
SNDM	Scanning Nonlinear Dielectric Microscope	走査非線形誘電率顕微鏡，エスエヌディーエム
S/N	Signal to Noise ratio	信号対ノイズ比，エスエヌ比
SOC	System on Chip	エスオーシー
SPM	Scanning Probe Microscope	走査プローブ顕微鏡，エスピーエム
SQUID	Superconducting Quantum Interference Device	超伝導量子干渉素子，スクウィド
SSRM	Scanning Spreading Resistance Microscope	走査広がり抵抗顕微鏡
STEM	Scanning TEM	走査型透過電子顕微鏡，ステム
T	tesla	テスラ
t_{50}	Median Life	メディアン寿命，ティーフィフティ，ティー五十
TCR	Temperature Coefficient of Resistance	抵抗の温度係数，ティーシーアール
TDDB	Time Dependent Dielectric Breakdown	時間依存絶縁破壊，ティーディーディービー
TEG	Test Element Group	試験専用構造，テグ
TEM	Transmission Electron Microscope	透過電子顕微鏡，テム
TOF	Time Of Flight	飛行時間
TREM	Time Resolved Emission Microscope	時間分解エミッション顕微鏡
VC	Voltage Contrast	電位コントラスト，ボルテージコントラスト
WDX	Wavelength Dispersive X-ray Spectrometry	波長分散型X線分光法，ダブルディーエックス
XMA	X-ray Micro Analysis	X線マイクロアナライザ，EPMAと同じもの

第1章 半導体デバイスの特徴

　この章では，評価の対象となる**半導体デバイス**の特徴を概観し，評価という視点からみて特徴的な点に的を絞って説明する．半導体デバイスといっても種類は多いが，本書では，現在，生産量からみても社会的インパクトからみても最も重要な，メモリやマイクロプロセッサに代表されるシリコン集積回路（IC）に的を絞って述べる．これらは，規模によってSSI，MSI，LSI，VLSI，ULSIとよばれていたが，現在では，そのような呼び分けはあまりせず，半導体とよばれたり，LSIとよばれたりする．また，機能によって，メモリ，マイクロプロセッサ，ASICなどと，いろいろな呼ばれ方をする．しかし，本書の扱う範囲では，これらを区別する必要はない場合がほとんどである．とくに区別する必要がない限りは，本書では半導体デバイスあるいは単にデバイスとよぶ．

　半導体デバイスは，見かけよりも中身がはるかに複雑である．したがって，内部で起こっている異常現象と外から観測された異常現象とが簡単には結びつかない．また，その異常現象も半導体デバイスに特徴的なものが多く，その多くは構造が微細で，構成が複雑なことに起因したものである．

　まず，外見上の複雑さを，パッケージのピン数でみていく．つぎに，外見よりはるかに複雑な中身を，チップ上のトランジスタの数や微細化の程度などでみていく．このような傾向を大きな視点でみる際には，ITRS（International Technology Roadmap for Semiconductors，国際半導体技術ロードマップ）が役立つ．その後，半導体デバイスに使用されている材料の多様さを説明する．

　つぎに，半導体デバイスの故障というのは，ほかの部品や装置の故障とはどこが違うのか，また，故障時間の分布は通常の特性値の分布とどう違うかを，大まかに説明する．

　最後に，半導体デバイスに特徴的な故障原因のいくつかを少し詳しく述べる．読者は，その特徴を実感できるであろう．

1.1 見かけよりも中身が充実

　この節では，半導体デバイスを評価するという立場からみた際の，複雑さや大変さの程度を大まかにつかむために，ITRS 2009[1]をもとに作成したグラフをみていく．ITRSは2年ごとに大きな改訂がなされており，2009年版は，本書執筆時点（2011年11月）では最新版である．ただし，ここでは全体像を概観するだけなので，年による違いの影響はほとんどない．

1.1.1　パッケージの最大ピン数は数千ピン

図1.1に，パッケージのピン数の推移を示す．現在のパッケージ形態は多様で，一つのパッケージに多数のチップが搭載されたものもめずらしくないが，ここでは，簡単にするために，一つのパッケージに一つのチップが搭載されたものだけを対象にする．

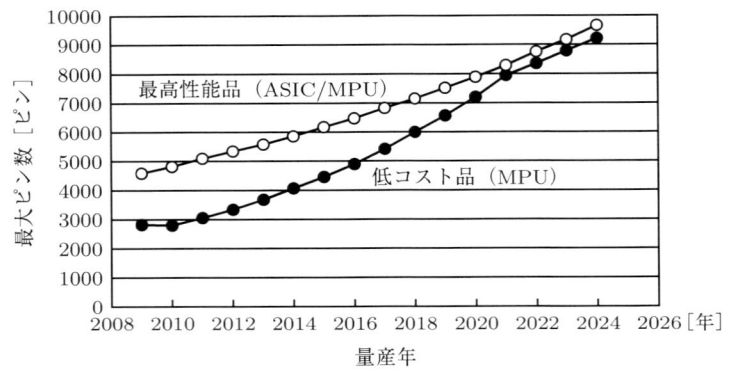

図1.1　パッケージの最大ピン数の推移予測
(ITRS 2009 Edition, Table ORTC-4 Performance and Packaged Chips Trends, Number of Total Package Pins-Maximum の数値をもとにグラフ化)

2011年では，低コスト品（MPU，マイクロプロセッサ）で3000ピン，最高性能品（ASIC，特定用途用集積回路/MPU）では5000ピンと大きな差があるが，2024年には，ともに9000ピン程度とそれほど差がなくなることが予想されている．数千ピンという数は，人手でカーブトレーサにより端子間チェックを行うことを考えると，気が遠くなる数である．

ただし，この数は，この後でみるチップ上のトランジスタの数に比べると，ものの数ではない．

1.1.2　チップ上のトランジスタや配線の数は10億以上

チップに関しては，本書で扱う半導体デバイス評価の最も重要な対象となるので，いろいろな観点からみておく．

まず，規模の目安として，図1.2に普及品のマイクロプロセッサを例にとり，チップ上のトランジスタ数の推移を示す．

2011年に30億個であり，2017年には100億個を超すと予想されている．気が遠くなるような数である．

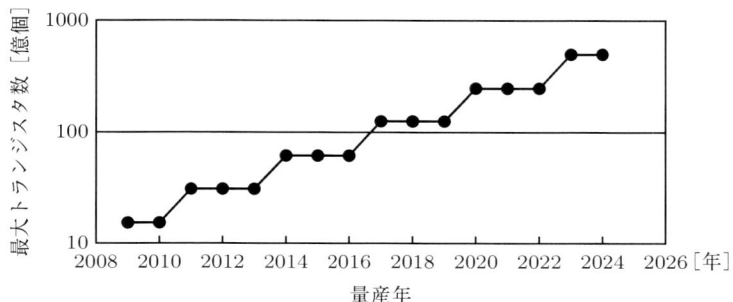

図1.2　1チップあたりの最大トランジスタ数の推移予測
(ITRS 2009 Edition, Table ORTC-2C, MPU (High-volume Microprocessor) Cost-Performance Product Generations and Chip Size Model の数値をもとにグラフ化)

つぎに，評価を行う際の大きな障害の一つである，配線の多層化の推移を，図1.3 に示す．2011年にはすでに12層もある．ただし，今後はそれほど増えず，2024年でも15層との予想である．

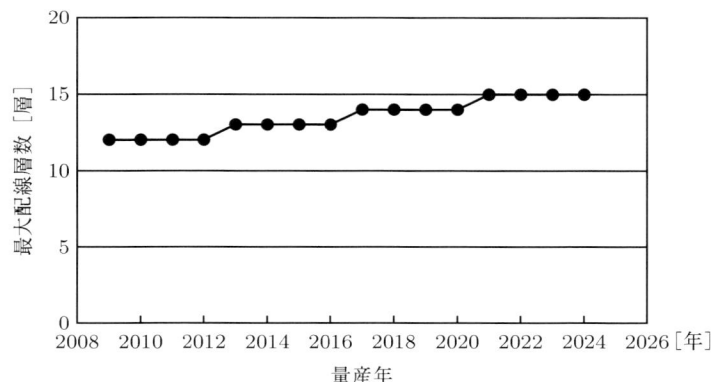

図1.3　最大配線層数の推移予測
(ITRS 2009 Edition, Table ORTC-4, Performance and Packaged Chips Trends の数値をもとにグラフ化)

つぎに，微細化の目安として，MPU/ASICの一層目配線（M1）の幅または間隔の目安となるハーフピッチ（ピッチの半分）の最小値の推移を，図1.4に示す．2011年には40 nmを切っており，10年後には10 nmを切ると予想されている．

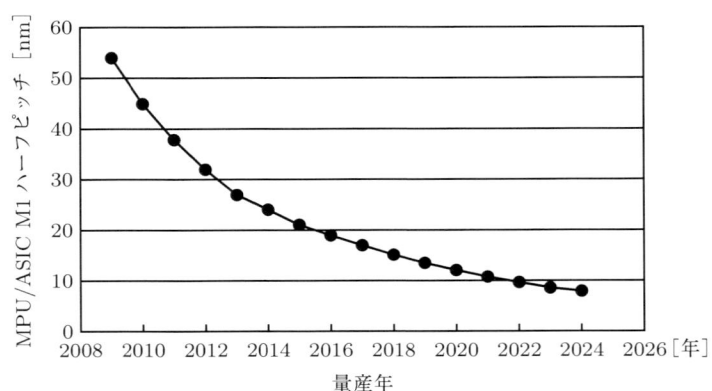

図 1.4　一層目配線のハーフピッチの最小値の推移予測
(ITRS 2009 Edition, Table ORTC-1 ITRS Technology Trends Targets の数値をもとにグラフ化)

　それでは，これだけ微細な多くのトランジスタを詰め込むチップの寸法（表面の大きさ）は，どのような推移をたどるのであろうか．図 1.5 にて推測予測を示す．普及版の MPU を例にとる．必ずしも正方形ではないが，ここでは正方形に換算した 1 辺の長さで示す．2011 年から 2024 年までほぼ一定の 1 cm 程度を目標としている．

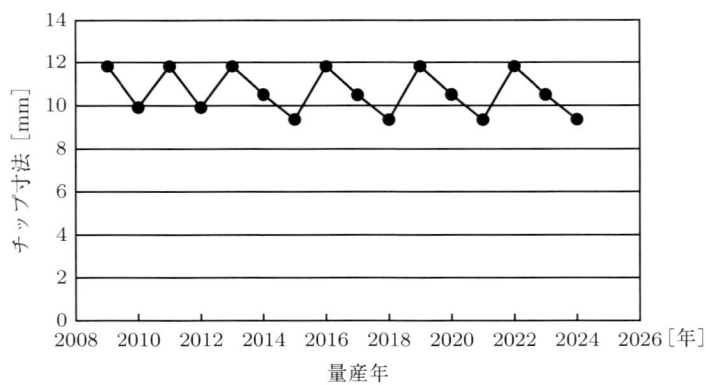

図 1.5　チップ寸法の推移予測

(ITRS 2009 Edition, Table ORTC-2C, MPU (High-volume Microprocessor) Cost-Performance Product Generations and Chip Size Model の数値をもとにグラフ化)

　半導体デバイスの評価のなかでも最も手間の掛かる故障解析では，チップ全体のなかから，最小寸法まで絞り込むのが一つの目安である．そこで，チップサイズと M1 のハーフピッチの最小値との寸法比をみておく．この寸法比は，2011 年では 3.2×10^{-6} であるが，2024 年には 8×10^{-7} にもなる．この値だけをみてもあまり実

感がわかないので，身近なものにおき換えてみる．チップ面積を日本の総面積と考えた際に，M1 のハーフピッチの最小値が年とともにどう変わるか示したのが図 1.6 である．2011 年では 2 m，2024 年では 0.5 m である．すなわち，現在では，故障解析でチップ上から M1 の配線間のショート欠陥まで絞り込むということは，日本全体から身のまわり 2 m 程度の領域まで絞り込むことに相当する．これが，2024 年には 0.5 m になる．

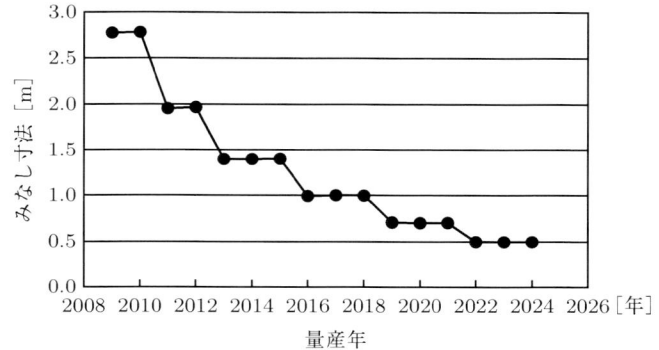

図 1.6　チップ面積を日本の面積とみなしたときのハーフピッチの推移予測
（ITRS 2009 Edition, Table ORTC-1 ITRS Technology Trends Targets と Table ORTC-2C, MPU（High-volume Microprocessor）Cost-Performance Product Generations and Chip Size Model の数値をもとにグラフ化）

1.1.3　シリコンデバイスといっても使用されている材料は多彩

　シリコンデバイスには実に多くの材料が使われている．そもそもシリコンデバイスという呼び方をするのは，その最も中心となるトランジスタ部がシリコンを主体として構成されているからにすぎない．

　チップ部は何百という工程を経て形成されるが，そこで使われる材料は，最終形態として残る構成材料の元素だけでも，Si 以外に P，As，B，O，H，Ti，N，W，Al，Cu，Mo，Ta，Pt，Au，Co などがある．これらの元素は無機物質としてだけでなく，有機物質としても存在するし，Si 基板部は単結晶だが，それ以外は多結晶やアモルファスの状態で存在する．

　パッケージング（組み立て）はそれほど多くの工程はないが，材料となると，Fe，Ni，Cr，Mg，Sn，Pb などの元素があらたに加わる．

　さらに，不良品や故障品を解析する場合には，製造工程や使用環境で計画外に混入してきた，Na，Ca，S，Cl，F が関係してくる．また，製造工程では予期しなかった物質も生成される．

ここでは，話を単純にするために元素のみを記したが，実際の材料の詳細は参考文献（2）などを参照されたい．

1.2 半導体デバイスの故障の特徴

この節では，半導体デバイスの故障の特徴をおおまかにみていく．

1.2.1 直列系かつ非修理系（わずか1箇所でも故障すれば機能を失い，2度と使えない）

半導体デバイスは，それを構成する要素であるトランジスタや配線が，わずか1箇所でも故障すればデバイスとしての機能を失う．このような系を，信頼性工学では**直列系**といい，直列系でないものは**冗長系**という．半導体デバイスを信頼性の観点からみた場合のもう一つの特徴は，**非修理系**であるという点である．故障したからといって修理をすることはない．

> **COLUMN 1：半導体デバイスの冗長設計**
>
> 半導体デバイスでも，上下の金属配線を接続するビアを冗長接続する場合もある．ただし，その冗長箇所を一つの構成要素とみれば，全体としては直列系である．狭義の不良品，すなわち製造終了時にすでに機能を満たしていないものでは冗長設計や修理も行われている．歩留まりを向上させる目的の冗長設計は，メモリでは普通に行われている．また，開発初期の段階において良品が手に入りにくい場合には修理も行われる．この修理には，故障解析にも使われるFIB（集束イオンビーム）装置が用いられる．

直列系と冗長系を簡単に比較する．構成要素が二つの場合を例にとり，直列系と冗長系について，図1.7を参照しながら説明する．

（1）直列系

同図（a）に直列系の信頼性ブロック図を記した．信頼性ブロック図とは構成要素の組合せによって全体の信頼度がどうなるかを図示するためのものであり，機能を示す機能ブロック図とは異なる．以下に，その使い方の概要を説明する．構成要素 A および B は信頼度が $R_A(t)$ と $R_B(t)$ である．この直列系が故障しないためには，構成要素 A，B ともに故障しないことが必要である．信頼度の定義（時間 t まで故障しないでいる確率）から，この直列系の信頼度 $R_S(t)$ は，構成要素 A と B が互いに信

頼性面で独立であるとみなせるなら，A が故障しないで，さらに B も故障しない確率であるから，両者の信頼度の積 $R_A(t) \cdot R_B(t)$ で表せる．

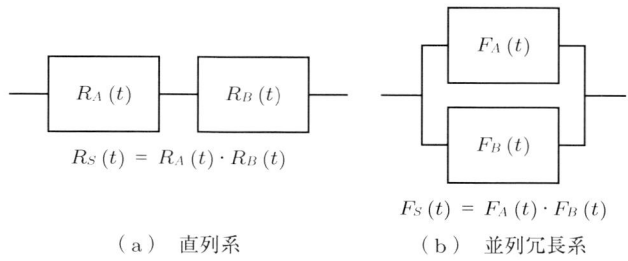

（a）直列系　　　　　　（b）並列冗長系

図 1.7　直列系と並列冗長系の信頼性ブロック図

　これを半導体デバイスの実際の例にあてはめてみる．構成要素が n 個の場合には，2 個の場合をそのまま拡張するだけである．信頼性ブロック図は，図 1.8（a）に示すように n 個直列に並べればよい．この直列系の信頼度 $R_S(t)$ は，構成要素 1，2，$\cdots$，n が互いに信頼性面で独立であるとみなせるなら，これら n 個の信頼度の積 $R_1(t) \cdot R_2(t) \cdots R_n(t)$ で表せる．話を簡単にするために，構成要素の信頼度はすべて同じ $R(t)$ とすると，全体の信頼度 $R_S(t)$ は，個々の構成要素 $R(t)$ の n 乗 $(R(t))^n$ となる．

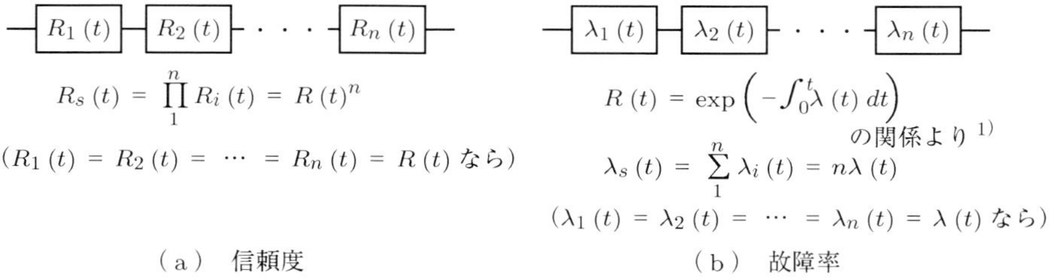

$$R_S(t) = \prod_1^n R_i(t) = R(t)^n$$
$(R_1(t) = R_2(t) = \cdots = R_n(t) = R(t)$ なら$)$

$$R(t) = \exp\left(-\int_0^t \lambda(t)\,dt\right)$$
の関係より [1]
$$\lambda_S(t) = \sum_1^n \lambda_i(t) = n\lambda(t)$$
$(\lambda_1(t) = \lambda_2(t) = \cdots = \lambda_n(t) = \lambda(t)$ なら$)$

（a）信頼度　　　　　　（b）故障率

図 1.8　n 個直列な系の信頼度と故障率

　半導体デバイスの典型的な例として，構成要素が一千万個の場合を考える．ここでも話を簡単にするために，すべての構成要素（トランジスタや配線など）の信頼度は同じ $R(t)$ とする．半導体デバイス全体の信頼度 $R_S(t)$ は $R(t)$ の一千万乗であり，$(R(t))^{10000000}$ となる．さらに話を簡単にするために，時間を固定する．使いはじめ

---

[1]　$R = \exp\left(-\int \lambda\,dt\right)$ は以下の様に導ける．
　　λ の定義より $\lambda = \dfrac{f}{R}$，f の定義より $f = -\dfrac{dR}{dt}$．これらより $\lambda = \dfrac{f}{R} = \dfrac{1}{R}\left(-\dfrac{dR}{dt}\right)$
　　$= \dfrac{d(\ln R)}{dR}\left(-\dfrac{dR}{dt}\right) = -\dfrac{d(\ln R)}{dt}$．$\int -\lambda\,dt = \ln R$．$R = \exp\left(-\int \lambda\,dt\right)$．

て，約 1 年 2 箇月後（1 万時間後）の信頼度を 0.999 とする．この値は後でみるように典型的な値である．信頼度の定義（ある時間までに故障しないでいる確率）を思い出し，$(R(10000\,\text{時間}))^{10000000} = 0.999$ から $R(10000\,\text{時間}) = 0.9999999999$ が求められ，小数点以下 9 が 10 桁並ぶ．すなわち，これらの構成要素は約 1 年 2 箇月間に，百億個のうち 1 個の故障しか許されない．これは，つぎのように考えても導ける．デバイスを約 1 年 2 箇月間使う間に，千個のうち 1 個しか故障しないということは，その構成要素も 1 個しか故障しないわけである．デバイス千個に含まれる構成要素は一千万の千倍で百億個である．すなわち，構成要素は約 1 年 2 箇月間に，百億個のうち 1 個しか故障しない．たとえば金属などの純度を表すのに，99.999% をファイブナインと表現するがそれになぞらえればテンナインである．

これを故障率 $\lambda(t)$ の面からみるとさらに計算が簡単になる．図 1.8（b）に示すように信頼度と故障率の関係から，直列系の全体の故障率は構成要素の故障率の総和である．簡単のために個々の構成要素の故障率が等しいとすると，全体の故障率は構成要素の故障率 $\lambda(t)$ の n 倍となる．上記と同じ例で半導体デバイスの場合の典型例を考えてみる．約 1 年 2 箇月後の故障率が 100 FIT とする．FIT（フィットと読む）は故障率の単位で $1\,\text{FIT} = 10^{-9}/\text{時間}$ である．故障率とは，ある時刻において故障しないでいるデバイスのうち，つぎの単位時間に故障する割合である．故障率が 100 FIT であるということは，1 時間の間に 10^7 個のうち 1 個故障するような故障の率である．

故障率が一定であるとみなせるなら，10^4 時間の各 1 時間の間に，10^7 個のうち 1 個故障する．すなわち，10^4 時間の間に 10^7 個のうち 10^4 個故障するということであり，割合でいうと 10^3 個のうち 1 個故障する．このように，故障率が一定の場合には，式（1.1）に示すように故障率 λ（ラムダ）は故障数をデバイスアワーで割った値で推定できる[1]．デバイスアワーとは総動作時間のことで，デバイスの数とその動作時間の積であるためこのような名称がついた．式（1.1）では（故障数）÷（デバイスアワー）= 1 個 ÷（10^7 個 × 1 時間）とみるか，（故障数）÷（デバイスアワー）= 10^4 個 ÷（10^7 個 × 10^4 時間）とみるかの二通りあるが，当然のことながら，どちらでみても結果は同じ 100 FIT である．

$$\lambda = \frac{r}{T} \tag{1.1}$$

$$T = \sum_{i}^{r} t_i + (n-r)\tau \tag{1.2}$$

ここで，r は故障数，T は総動作時間（デバイスアワー），n は総デバイス数，t_i は

---

[1] 5.5 節で述べる最尤法を用いると導ける．詳細は参考文献（1）を参照されたい．

個々のデバイスの故障時間，τ は故障せずに動作した時間である．

構成要素 1000 万個の故障率の総和が 100 FIT であるから，個々の構成要素の故障率は 100 FIT ÷ 1000 万 = 10^{-5} FIT である．

図 1.8（b）に示したように，故障率が一定でない場合でも，デバイスの故障率はその構成要素の故障率の総和であるという関係は成り立っているので，ある時刻 t のデバイスの故障率が 100 FIT であるとすると，構成要素が信頼性面で独立であり，同じ故障率関数で表せるとすれば，個々の構成要素のその時刻での故障率は 10^{-5} FIT である．

（2）冗長系

つぎに，直列系との比較の意味で，冗長系について説明する．冗長系の中でも最も単純である並列冗長系（並列系）について図 1.7（b）（並列冗長系の信頼性ブロック図）を参照しながら説明する．並列冗長系は不信頼度 $F(t)$ で考えたほうが簡単である．構成要素 A と B の不信頼度は $F_A(t)$ と $F_B(t)$ である．この並列系が故障するためには構成要素 A，B ともに故障することが必要である．不信頼度の定義（時間 t で故障している確率）から，この並列系の不信頼度 $F_S(t)$ は，A が故障していて，かつ，B が故障している確率であるから，両者の不信頼度の積 $F_A(t) \cdot F_B(t)$ で表せる．これが成立するためには，もちろん，A と B が信頼性面で独立であることが必要である．

これまで述べたように，半導体デバイスでは，信頼性的な冗長系は一般にはないが，歩留まりをよくするための冗長系を設ける場合は多い．経過時間がゼロの場合の不信頼度は不良率とみなせるから，同図（b）の関係は歩留まり向上のための冗長系が，どの程度効果があるかの見積もりにそのまま使える．個々の構成要素の歩留まりを 90% とすると，$F(0) = 0.1$ であるから，冗長系としての $F_S(0)$ は $0.1 \times 0.1 = 0.01$ となり，歩留まりは 99% となり，効果的であることがわかる．ただし実際のデバイスではもっと複雑であることに注意してほしい．

さて，これまでは半導体デバイスを信頼性面からみた際の最も特徴的な性質である「直列系である」ということに焦点をあててみてきた．信頼性をより詳細に扱うためには，さらに故障時間に関して詳細に検討する必要がある．半導体デバイスの故障時間を確率統計的に定量化するために，これまで用いた故障率，累積故障確率（不信頼度あるいは累積分布），信頼度，耐用寿命などの概念についてさまざまな面から知る必要がある．これらの詳細については第 5 章で述べる．

確率統計的手法を半導体デバイスに対して適用すると，半導体デバイスの信頼性の予測ができるだけでなく，半導体デバイスを構成要素とする装置あるいはシステムの

信頼性設計や信頼性予測も可能である．また，前述したように，半導体デバイスを構成する素子や配線などの構成要素を確率統計的対象とみて適用すると，半導体デバイスの信頼性設計やそれにもとづく信頼性予測もできる．具体的な事例は 6.1 節を参照されたい．

1.2.2 故障モードと故障メカニズム

故障モードは外に現れた故障の形態を，**故障メカニズム**は内に隠れた機構をさす．したがって，具体的に何をさすかは，観察者の視点に依存する．通常，半導体デバイスに関して故障モードや故障メカニズムという用語を使う場合，デバイスができあがった状態を外からみた視点と，内部構造にまで立ち入った**視点が混在**している．また，故障メカニズムという用語は，メカニズム全体ではなく，メカニズムを形成する過程のなかで最も重要な現象をいうことも多い．

図 1.9 に，視点により故障モードが異なることと，その関係を示した．半導体デバイスを外から見た際の故障モードは，

① オープン，
② 高抵抗，
③ ショート，
④ リーク，
⑤ I_{DDQ}（準静的電源電流）不良，
⑥ 機能（ファンクション）不良，
⑦ 遅延不良，

などである．ショートとリークの違いは，前者が抵抗性であり，一般に電流値が大きいことであるが，明確な区別があるわけではない．デバイスの内部構造にまで立ち入ってみると，機能不良の原因はオープンや高抵抗やショートやリークであったりする．その場合，オープンや高抵抗やショートやリークは，機能不良の原因であり，故障メカニズムの一部を構成している．

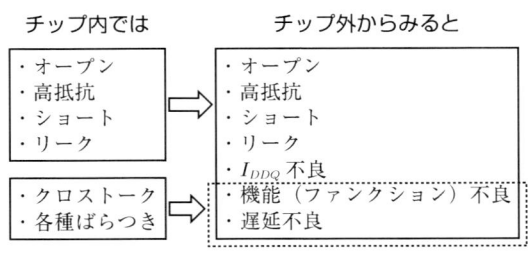

図 1.9 視点により異なる故障モード

半導体デバイスを内部にまで立ち入ってみた場合でも，現在のシステム化した大規模なデバイスの場合には，ブロックレベルまでの立ち入り方では，デバイスの外部からみた場合と大差はない．ここでは，個々の構成素子レベルまで立ち入って，故障モードと故障メカニズムの関係をみてみる．たとえば，ストレスマイグレーション現象（1.3.2項参照）が原因でMOSトランジスタのゲートに接続されている配線がオープンしたとする．ゲートの電位が固定されないため，そのMOSトランジスタのソース-ドレイン間に電流が流れるか否かは偶然に左右される．この状態は，デバイスの外部には機能不良となって現れる場合もあれば，電源電流不良になって現れる場合もある．この例では，デバイスの外からみた故障モードは機能不良や電源電流不良であり，素子レベルでみた故障モードはオープンである．また，故障メカニズムは前述のとおりであるが，慣習上，そのメカニズムを構成する最も重要な現象であるストレスマイグレーションに着目して，「故障メカニズムはストレスマイグレーションである」あるいは「故障原因はストレスマイグレーションである」という場合が多い．

　電源電流不良に属するが，とくに重要な不良モードがI_{DDQ}不良である[2]．これは，以下に述べるように，不良に対しても故障に対しても独特のかかわりをもつ．正常なCMOSデバイスでは，通常，電源V_{DD}とグランド（GND）間に準静的に流れる電流I_{DDQ}は，トランジスタなどのリークに起因したものだけであるため微少である[1]．物理的欠陥が存在し，それが配線間を短絡しリーク電流経路の一部を構成すると，I_{DDQ}が増加する．物理的欠陥が電流経路の一部を構成するためには，テストパターン（テストベクタ）により，特定箇所の電位をある特定の状態に設定する必要がある場合が多い．このことから，I_{DDQ}を増加させるテストパターンを考察することで，物理的欠陥の位置の推定も可能である．

　I_{DDQ}不良の不良モードとしての特徴は，I_{DDQ}が増加することと，デバイスが機能不良として検知されることが必ずしも一致しないことである．これは，I_{DDQ}不良では，内部の異常が電源端子とGND端子間に流れる電流値の増加として現れる現象であるのに対して，機能不良では，内部の異常が出力端子の電位の異常として現れるという，異なる過程を経て起こる現象であることに起因する．このように，観測の観点が異なるため，通常の機能試験のみではテスタビリティ（テストカバレージ）の限界から検出できない不良の検出も可能である．また，従来の電位のみにもとづいた方法よりは，効率よく故障箇所を推定することも可能である[3]．

　I_{DDQ}不良と故障との独特のかかわりは，2.1節でもう少し詳しく述べる．

---

1) 準静的とは，入力から順次テストパタンを入力したあと，所定の状態に保持した状態をさす．一方，動的とは，テストパタンを保持せず，流し続ける状態をさす．また，静的とは，テストパタンは入力せず，入出力は電源電位かGNDに固定されているか，オープンである状態をさす．

1.2.3 故障時間の分布は非対称（左の裾が重要）

故障時間の分布は，ほかの分野でよく使われる正規分布（ガウス分布）とは違い左右非対称である．

よく用いられる理論分布は，**指数分布，ワイブル分布，対数正規分布**である．故障の物理的原因から寿命分布を予測しようとする試みは数多くなされているが，どれも統一的なものではないし，厳密なものでもない．**理論分布**はあくまで**実際の故障時間分布の近似**であると考えて，どの理論分布で最もよく近似できるかは実際のデータから求める必要がある．

その際，最も注意が必要なのはつぎの点である．どの理論分布で近似できるかを確かめるためには，分布の全体を観測する必要がある．一方，実際の故障時間の分布で重要なのは寿命分布の短時間側の裾，すなわち左裾部分であるため，分布の左裾部分での観測も必要である．このように，全体的な観測と左裾部の観測の，両方の要求を満たすためには，サンプル数を多くして長時間観測する必要がある．

サンプル数が少ないと，どのような問題が起こるかを具体例でみてみよう．図1.10および図1.11は，同じ20個のデータをおのおの対数正規確率プロット（5.3.1項（2）参照）およびワイブル確率プロット（5.3.1項（1）参照）したものである．○○確率プロットというのは，データ点をプロットし，そのデータ点が直線によくのっていれば，そのプロットしたデータのもとになる分布は○○分布であるとわかるという，大変便利な方法である（詳細は第5章を参照のこと）．このデータの場合，対数正規確率プロットもワイブル確率プロットもともによくのっており，どちらの分布でよりよく近似できるかの判断はこれだけからはできない．この図1.10のグラフから対数正規分布のパラメータ t_{50} および σ を推定すると，t_{50} の推定値 $= 1.135 \times 10^6$ 時

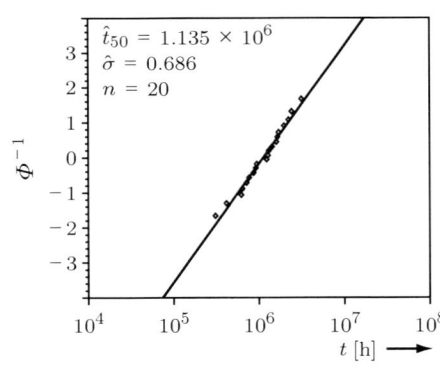

図1.10　対数正規確率プロット（$n = 20$）
　　　　（記号の説明は5.3.1項（2）参照）

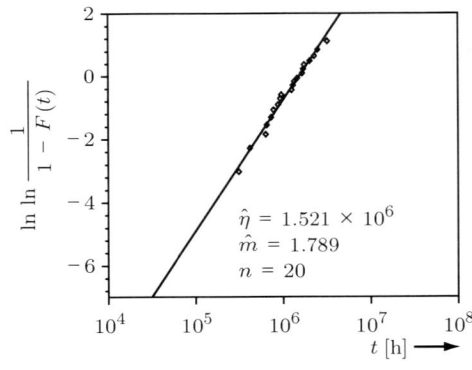

図1.11　ワイブル確率プロット（$n = 20$）
　　　　（記号の説明は5.3.1項（1）参照）

間，σ の推定値 = 0.686 が求められる．図中では，推定値は「ˆ」（ハットまたは山形とよぶ）の記号で表し，t_{50} ハットなどとよぶ．また，図 1.11 のグラフからワイブル分布のパラメータ η および m を推定すると，η の推定値 = 1.521×10^6 時間，m の推定値 = 1.789 が求められる．このパラメータをもとに故障率曲線を描いたのが，図 1.12 である．データをプロットした 10^6 時間付近では，両者は比較的一致しているが，それ以外では大きな隔たりがある．たとえば，10^4 時間では 8.4×10^6 倍だけワイブル分布のほうが大きい．

この同じ母集団からサンプリングした 500 個のデータに対して，対数正規確率プロットおよびワイブル確率プロットを行った結果を図 1.13 および図 1.14 に示す．図 1.13 の対数正規確率プロットではきれいに直線にのっているが，図 1.14 のワイブル確率プロットをみると，中央付近はのっているが，両端ではずれていることがわかる．この結果から，この母集団は対数正規分布で近似したほうがよいことがわかる．

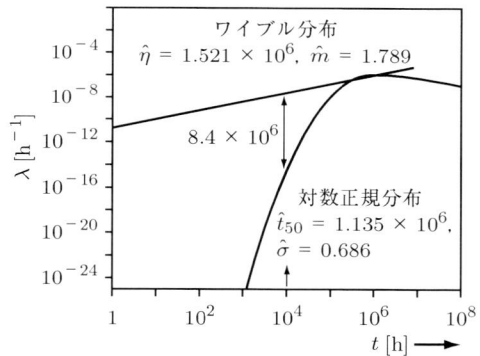

図 1.12　故障率曲線の比較

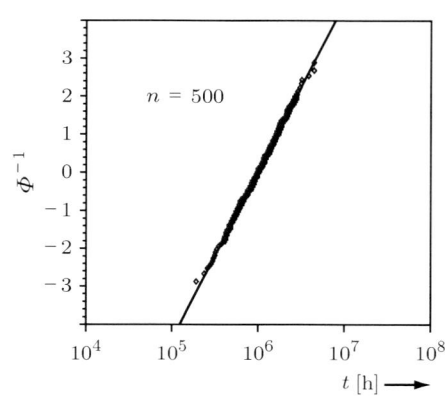

図 1.13　対数正規確率プロット（$n = 500$） 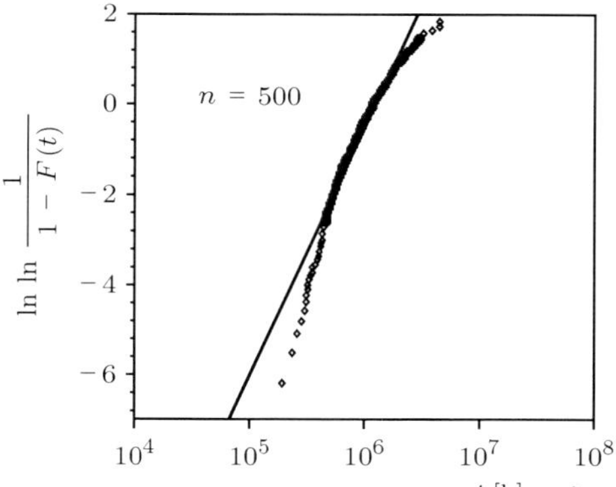　　図 1.14　ワイブル確率プロット（$n = 500$）

この例では，少量のデータの結果だけから判断した場合には，対数正規分布かワイブル分布かは決められない．このような場合には，分布の左裾の故障率が大きい，安全サイドのワイブル分布を採用するしかない．しかし，大量のデータをもとに判断すれば，対数正規分布を採用することができ，より精密な信頼性設計が可能になる．その結果，性能向上，コスト削減へ大きく寄与できる．

なお，この例のデータは実際にデバイスを使用する条件での時間でプロットしてある．加速寿命試験を行うことで実際の試験時間は大幅に短くすることができる．

このグラフでの時間が，実際にデバイスを使用する条件での時間であるということを念頭において，もう一度，図 1.13 をみる．最も早く故障したサンプルでも 10^5 時間（11 年 5 箇月）以降である．このように，長時間，デバイスが使用される場合はまれである．つまり，実際にデバイスが使用される分布の左裾部はこの図からではわからない．単一分布であると仮定することで，より短い時間への外挿が可能となり，はじめて対数正規分布を採用できるのである．

単一分布であるという仮定なしに分布を決めようとすると，さらに大量のサンプルが必要となり[1] 市場のデータとの比較検討も必要である．

分布が単一分布ではなく，混合分布や競合型分布の場合もあるので注意が必要である．混合分布とは母集団が異なる分布が混合した分布である．この場合は母集団ごとに分けて解析する必要がある．一方，競合型分布とは，サンプルは単一母集団からのものであるが故障原因が複数ある場合をいう．この場合は，どの原因の故障がどのサンプルで起こるかは結果をみるまではわからない．また，ある一つのサンプルについてみると，最初に起こった故障のみが観測され，ほかの原因の故障は出現しない．このように，一つのサンプルの内部で故障原因が競合していることから，競合型とよばれている．このような競合型分布の場合には，基本的には単純な確率プロットでは解析できない．累積ハザードプロットによる解析か累積ハザード値を累積故障確率に変換したあとの確率プロットが必要である．詳細は第 5 章を参照されたい．

1.2.4　バスタブ曲線

バスタブ曲線とは図 1.15 に示すように，横軸に時間，縦軸に故障率をとったとき，その曲線の形が西洋型浴槽（バスタブ）の断面に似ていることから名づけられた．大きく，**初期故障期間**，**偶発故障期間**，**摩耗故障期間**に分けられる．本来はヒトを含む生物の死亡率パターン[4]をそのまま機械にあてはめたものであり，半導体デバイスに関しては厳密に成り立つわけではないが，大まかなモデルとしては適用できる．初

---

[1]　ここでの例よりもさらに大量のサンプルで，分布の裾まで分布を確かめた例は，6.3 節で紹介してある．

期故障期間は故障率減少期，偶発故障期間は故障率一定期，摩耗故障期間は故障率増加期として特徴づけられている．耐用寿命は，おおむね偶発故障期間と一致しているが，正確には要求された規定の故障率以下の期間であり，通常は偶発故障期間よりは長い．

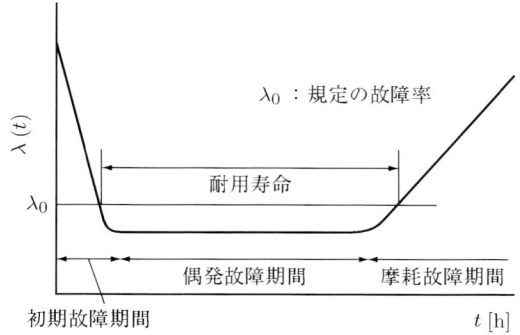

図 1.15　バスタブ曲線

初期故障期間は，ワイブル分布で形状パラメータ m が 1 より小さい場合，対数正規分布で形状パラメータ σ が 2 程度より大きい場合の理論分布で近似できる．偶発故障期間は，ワイブル分布で形状パラメータ m が 1 の場合で，これは指数分布そのものでもある．

摩耗故障期間は，ワイブル分布で形状パラメータ m が 1 より大きい場合，対数正規分布で形状パラメータ σ が 1 程度より小さい場合である．

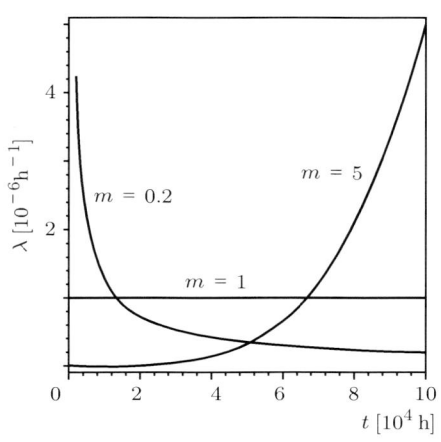

図 1.16　ワイブル分布における 3 通りの故障率曲線

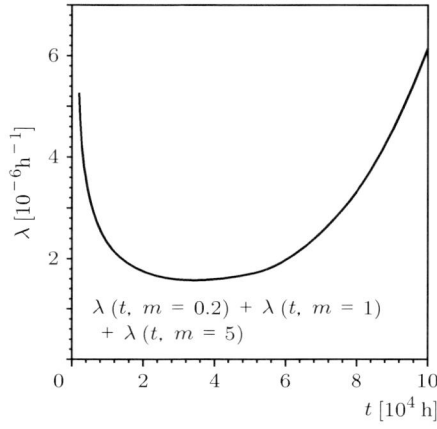

図 1.17　ワイブル分布の 3 通りの故障率曲線の和のバスタブ曲線

1.2.5 故障現象は原子レベルまで追求が必要

半導体デバイスの故障現象を検討する際の解析法は，前項でその一端を述べた**確率統計的**なものと，本項の主題である**物理化学的**あるいは**物性論的**なものとに分けられる．確率統計的な解析法は，大局を現象論的にみるにはよいが，それだけでは根本原因の究明はできない．根本原因の究明には，物理化学的解析が必要である．物理化学的な解析法では，故障のメカニズムを原子・分子レベルにまでさかのぼり検討する．

物理化学的解析が必要なわかりやすい例を述べよう[5]．図1.18（a）は，エレクトロマイグレーションの試験を行い，その平均寿命MTF（Mean Time to Failure）[1]

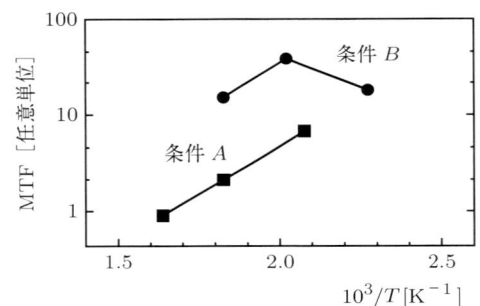

（a） エレクトロマイグレーション試験結果のアレニウスプロット

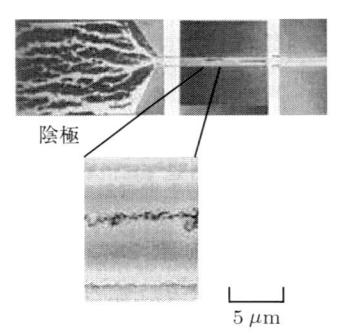

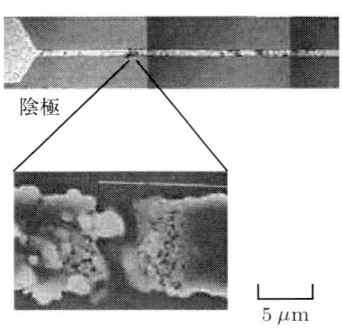

（b） 異常劣化品の物理化学的解析結果　（c） 通常の劣化品の物理化学的解析結果

図1.18　物理化学解析の必要性を示す初歩的な事例

---

1) この論文の発表当時（1979年）は，EM寿命の分布が対数正規分布に従うことが知られていなかったため，平均寿命を用いている．

の推定値の温度依存性をみるために，アレニウスプロット（5.5節参照）を行ったものである．条件 A ではきれいに直線にのっているが，条件 B では折れ曲がっている．確率統計的手法ではここまでの解析はできるが，なぜ折れ曲がっているのかの原因究明はできない．原因究明のために，ここでは金属顕微鏡と SEM（走査電子顕微鏡）を用いて，エレクトロマイグレーションによる劣化の物理的形態を調査した．同図（b）が異常劣化（同図（a）の条件 B の左側の 2 点に対応）の形態であり，同図（c）が通常の劣化（同図（a）の条件 B の右端の点に対応）の形態である．同図（c）の通常の劣化品の場合は，細い配線部で断線が起きている．同図（b）の異常劣化品の場合には，細い配線の中央部の Al は筋状になくなっているが，断線は起こっていない．左端のパッド部を見ると，同図（c）の通常の劣化品の場合には特に異常は見られないが，同図（b）の異常劣化品では筋状に Al が残ってはいるが広い面積にわたって Al がなくなっている．この観察結果から次のような事がいえる．通常の劣化品では拡大観察箇所で左側から Al 原子が供給される量より，右側へ Al 原子が出ていく量が多かったため断線が短時間で起きた．一方，異常劣化品では左から右への Al の移動は細い Al 配線の中央部で均一に起こるため，左端のパッド部の Al の大部分がなくなるまで断線は起こらず，長寿命となった．ここで用いた物理化学的解析手法はごく初歩的なものである．より高度な手法は第 4 章と第 6 章で紹介する．

　物理化学的解析の結果は，半導体デバイスの信頼性の設計・つくり込み・予測のすべてに役立つ．半導体デバイスの構成材料は半導体だけでなく，金属，絶縁体もあり，無機材料だけでなく有機材料もあり，非常に多岐にわたる．さらに，故障は予期せぬ反応を起こし，予期せぬ物質をつくりだすため，半導体デバイスの故障を理解して制御するには，物理化学的にも広範な知識や概念の理解が必要となる．この分野は信頼性物理あるいは故障物理とよばれている．本書の 1.3 節や，第 3 章，第 4 章，第 6 章の多くの部分がこの分野を扱っている．

1.3　重要な故障原因と故障メカニズム

　半導体デバイスをチップ部とパッケージ部に分けて，その故障メカニズムをみていこう．最近は，チップとパッケージが一体となった実装形態も増えてはいるが，基本的なところはこの分類に従って考えればよい．ここでは，故障メカニズムという用語は，故障メカニズムを構成する要素のうちの最も重要な現象をさしている．

　基本的に，製造工程不良の原因となるもののほとんどは故障の原因ともなる．
　ここで，「**不良**」と「**故障**」の使い分けについて図 1.19 を参照して述べておく．製造完了後，最初は規定された機能を満たしていたものが，あるときその機能を満たさ

なくなる現象を，故障という．一方，不良とは，製造工程の途中あるいは製造が完了した時点で，機能を満たしていないものをいう．また，故障した状態を不良という広義の使い方もある．本書でも「不良」を両方の意味で用いている．

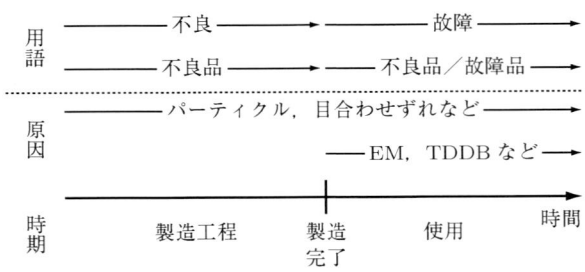

図1.19　不良と故障の違い

まず，パッケージ部の不良および故障の原因について表1.1を参照して説明する．パッケージ関連の故障メカニズムをダイボンディング（チップマウント）に関するもの，ワイヤボンディングに関するもの，パッケージに関するもの，実装に関するものと四つに分けて，その主なものを列挙してある．中でも，疲労による断線，金とアルミの合金化にともなうボイドの形成，電気化学的マイグレーション，ポップコーン現象（パッケージ中の水分が高温での実装時に気化し，剥離が起こったりクラックが入ったりする現象）がより重要なものである．

表1.1　パッケージ部の不良・故障原因

関連工程	不良・故障原因
ダイボンディング	チップクラック
	チップ剥がれ
ワイヤボンディング	疲労による断線
	金とアルミの合金化（パープルプレーグなど）
	位置ずれ
パッケージ関連	クラック
	電気化学的マイグレーション
	表面汚染
	異物付着
	機密封止不良
	導電性浮遊異物
実装関連	はんだ付け不良
	ポップコーン現象

つぎに，チップ部の不良・故障原因について表1.2を参照して説明する．Si基板部・ゲート絶縁膜，配線，パシベーションの三つに分けて，それらに共通なものとと

もに，主なものを列挙してある．中でも，結晶欠陥，TDDB（時間依存絶縁破壊），ホットキャリア注入，NBTI（負バイアス温度不安定性），PBTI（正バイアス温度不安定性），エレクトロマイグレーション，ストレスマイグレーション，層間絶縁膜のリーク，TDDB，パーティクル，マスクの目合わせずれ，静電破壊，過電圧破壊，がより重要なものである．

表1.2 チップ部の不良・故障原因

関連工程	不良・故障原因
Si基板，ゲート絶縁膜関連	結晶欠陥
	PN接合の劣化
	クラック
	TDDB
	イオンドリフト
	ホットキャリア注入
	NBTI，PBTI
配線関連	エレクトロマイグレーション
	ストレスマイグレーション
	腐食
	溶断
	アロイスパイク
	応力によるずれ
	傷
	段部での断線
	層間絶縁膜のリーク
	TDDB
パシベーション関連	クラック
	汚染
	吸湿
	表面チャージ層の形成
共通なもの	パーティクル
	マスクの目合わせずれ
	静電破壊
	過電圧破壊

　以下，この節では，重要な故障原因，故障メカニズムのなかから，いくつかを個別にみていく．全体のより詳細については参考文献（1）を参照されたい．

1.3.1　エレクトロマイグレーション（小さな電子が大きな原子を動かす）

　エレクトロマイグレーション（Electromigration，以下，EMと略す）とは，大まかにいうと，金属中に電流が流れているときに，電子が原子に衝突する結果，原子が移動する現象である．移動の程度が空間的に不均一に起こるため，一部で不足し（ボ

イドの発生，図1.20中vで示した），抵抗増や断線を起こし，他方では金属が突出し（ヒロック［同図中hで示した］，ウィスカー［図1.21参照］[1]），ショートやリークを起こす．現実の配線としては，Al単体ではEMによる劣化が激しいため，Cuを添加するなどして劣化を抑制している．また，先端のデバイスでは銅配線が用いられている．

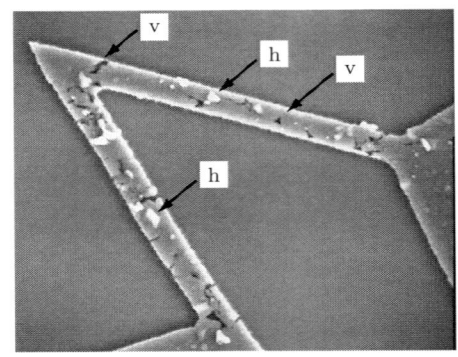

図1.20　EMにより発生した
　　　　ボイドとヒロックの例

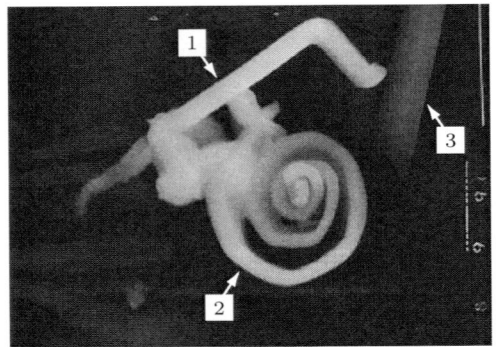

図1.21　EMにより発生したウィスカーの例

　EMは，半導体デバイスの故障メカニズムのなかで，古くて新しいものの代表格である．EMという物理現象が知られたのは古く，1861年にまでさかのぼる[2]．半導体デバイスの配線の劣化メカニズムとして問題視されはじめたのは，それから一世紀後の1960年代後半のことである．その後，一貫して代表的な故障メカニズムとして注目されている．それは，EMが半導体デバイスのバスタブ曲線における摩耗故障期の故障率を決める，最も重要な要因であることによる．また，微細化が進展することで配線に流れる電流密度が高くなったりするなどの理由で，EMによる劣化を促進する要因が増え続けているからでもある．

　EMが起こる基本的メカニズムを図1.22に示す．金属中で最外殻電子を自由電子として放出したあとの金属イオンに，自由電子が衝突し，運動量交換を行うことにより，金属イオンが力を受ける[2]．その金属イオンは電子からの力学的な力以外に，電界から直接クーロン力も受けている．Alの場合には両者の力の向きは逆であり，実際にはこの合力がはたらいている．Alの場合，われわれが問題にしている温度範囲

---

1) この写真は一箇所で3種類ものウィスカーが延びている極端な例である．通常はこのようなことはまれである．とくに，渦を巻いている例は，筆者が観測したこの写真以外では見たことがない．
2) ここでイオンといっているのは，金属中の原子の形態として，最外殻の電子を自由電子として放出したあとの形態をいっているのであり，イオン結合しているイオンや単独で存在するイオンではないので注意されたい．

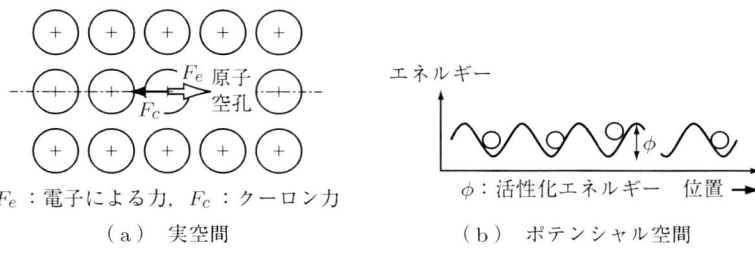

図 1.22 EM のメカニズム

では電子から受ける力のほうが圧倒的に大きいため,通常,簡単に説明するときには,前述したように,電子からの力だけを受けているかのようにいう場合が多い.

さて,力を受けた原子が移動するためには,同図(a)に示したような原子空孔などの結晶欠陥の存在が必要である.このような欠陥の存在量は,結晶格子中(バルク中),結晶粒界中,表面,ほかの物質との界面でそれぞれ大きく異なる.ポテンシャル空間でみると,同図(b)に示したポテンシャルの山を乗り越える必要があり,その山の高さは活性化エネルギーとよばれている.活性化エネルギーの値は,結晶格子中(Al では 1.2,1.3 eV など[2])と結晶粒界中(Al では 0.53,0.55 eV など[2])で大きく異なるだけでなく,表面やほかの物質との界面でも大きく異なる.また,これらの相互間の移動においても異なる値をとる.

半導体デバイスの配線に用いられている薄膜は多結晶構造をしており,周囲を絶縁膜で覆われている.したがって,原子の流れは格子中だけでなく,結晶粒界中や配線の側面・上下面の界面での移動やボイド(穴)ができたあと,その内部に形成された表面での移動も重要な役割を果す.原子の移動経路とそこでの活性化エネルギーの例を図 1.23 に示す[3].

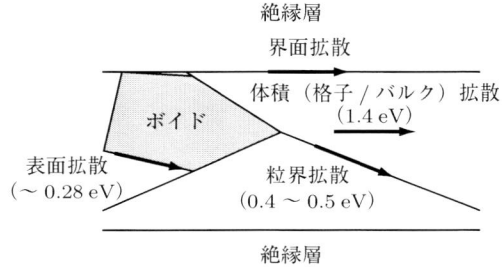

図 1.23 EM により原子が移動する経路と活性化エネルギーの例

結晶格子中でのEMによる原子の流れは、次式で表せる[1]．

$$J_l = \left(\frac{N_l D_{l0}}{kT}\right) Z_l^* e E \exp\left(-\frac{\phi_l}{kT}\right) \quad (1.3)$$

ここで、J_l は原子流束（単位時間に単位面積を貫いて流れる原子数）、N_l は原子密度、$D_{l0}\exp(-\phi_l/kT)$ は拡散係数、ϕ_l は活性化エネルギー、k はボルツマン定数、T は絶対温度、$Z_l^* e$ は有効電荷、E は電界であり、l の添え字は格子（lattice）に関するパラメータであることを表している．

結晶粒界中の原子流束を、結晶粒より十分広い範囲で平均的に観測した場合（通常は、このような条件での観測になる）の値は、式（1.3）の各パラメータを結晶粒界中のパラメータに変え、さらに結晶粒界の有効幅 δ と結晶粒の平均寸法 d を用いて、次式のように表せる．

$$J_{gb} = \left(\frac{\delta}{d}\right)\left(\frac{N_{gb} D_{gb0}}{kT}\right) Z_{gb}^* e E \exp\left(-\frac{\phi_{gb}}{kT}\right) \quad (1.4)$$

結晶粒界の有効幅と結晶粒の平均寸法以外のパラメータは、添え字を除いては、式（1.3）と同じ記号が使われており、粒界に関するパラメータは gb（grain boundary）の添え字で示している．この式から、結晶粒の大きさ、および結晶粒界での各パラメータが重要な要因であることがわかる．結晶粒界での各パラメータは、その結晶粒界を形成する隣りあった結晶粒の互いの向きなどにより大きく異なる．同様の関係が、表面や、ほかの物質との界面でも成り立つ．実際の原子の移動には、これらすべてが関係してくる．

図1.24に、式（1.3），（1.4）にもとづいて計算した格子拡散と粒界拡散の原子流

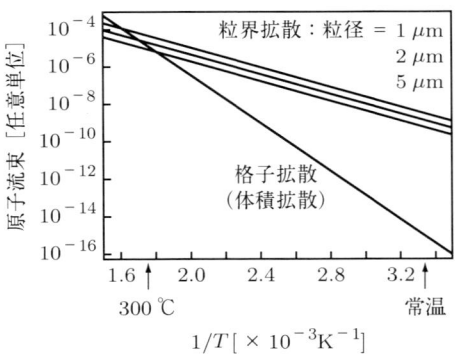

図1.24　格子拡散と粒界拡散の温度依存性の例

---
1) 電荷を意識しない場合はイオンとはいわずに、このように原子という．

束の温度依存性の典型的な例を示す．粒界拡散については，粒径依存性も示す．結晶粒が小さくなると，原子流束が大きくなるようすと，300 °C付近より上の温度では格子拡散のほうが大きくなるようすがわかる（常温付近では，6桁以上も粒界拡散のほうが大きい）．この例から，温度加速をし過ぎると，実使用への外挿が困難になることがわかる．

さらに，EM故障現象を考える際に原子流束を決めるもう一つの大きな要因は，1976年にブレッヒ（I. A. Blech）らにより発見された「EMにより発生する応力勾配」に起因する原子の逆流とよばれる現象である（ブレッヒ効果）[4]．これは，EMにより誘起された応力勾配により，EMとは逆向きに原子を流す力がはたらくことである．このような応力勾配による逆流をシミュレーションモデルに組み入れることで，図1.25に示すように，寿命の配線幅依存性も説明がつく[5]．同図（a）がメディアン寿命 t_{50} の配線幅依存性で，同図（b）が形状パラメータ σ の配線幅依存性のシミュレーション結果で，ともに実験結果とよく合っている．

（a） t_{50} の配線幅依存性

（b） σ の配線幅依存性

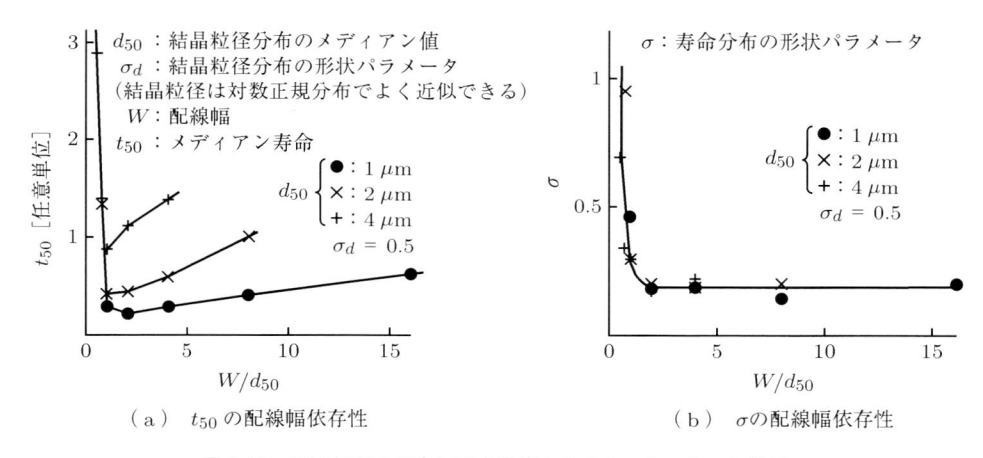

図1.25　EM起因の応力勾配を考慮したシミュレーション結果

式（1.3），（1.4）のパラメータやブレッヒ効果以外に原子流束に影響を及ぼす重要な要因として，Cuなどの微量添加元素の効果がある．また，式（1.3），（1.4）での温度は局所的な温度であるから，温度分布も重要な要因である．さらに現実の配線構造での劣化現象を考えた場合は，電流密度の分布や，劣化にともなう電流密度分布，および温度分布の時間変化なども重要な要因となる．

以上，EM現象を物理現象としての側面から概観したが，つぎは，現実の配線のほうからみてみる．EMによる故障は，断線，抵抗増，ショート，リークが主なものである．断線および抵抗増による故障時間の分布は，対数正規分布でよく近似できる場

合が多く，そのパラメータのメディアン寿命t_{50}および形状パラメータσのうち，t_{50}はブラック（J. R. Black）の式とよばれる次式でよく近似できる場合が多い（ブラックの式とよばれる理由は，3.1.2項（2）の電流加速（べき乗則）の項を参照のこと）．

$$t_{50} = AJ^{-n}\exp\left(\frac{E_a}{kT}\right) \quad (1.5)$$

ここで，Aは配線材料，配線幅，膜厚などに依存する定数，Jは電流密度，nは定数，E_aは故障現象としての活性化エネルギー，kはボルツマン定数，Tは絶対温度である．nの値は1～3の場合が多く，また必ずしも定数ではなく，Jなどに依存する場合もある．

図1.26にそのような例を示す．同図（a）は，周囲温度が一定の条件での結果である．×で示した点が実験データであり，nの値が電流密度に依存していることを示している．実線で示したのはシミュレーション結果で，局所的な温度分布と応力勾配を考慮した際に，パラメータを適切に選べば，この実験結果と合うことを示している．同図（b）に，報告されているいろいろなnの値を，初期配線温度が一定の条件でのシミュレーション結果とともに示した．図中c, d, eが，グラフ中に名前を示した研究者により報告されたデータ（傾き）である．

このように，nが報告ごとに異なる理由が，応力勾配と局所的温度分布を考慮すると大まかに説明できる．

(a) 実験結果とシミュレーション結果の比較（周囲温度一定）

(b) シミュレーション結果とほかの研究者の結果の比較（配線温度一定）

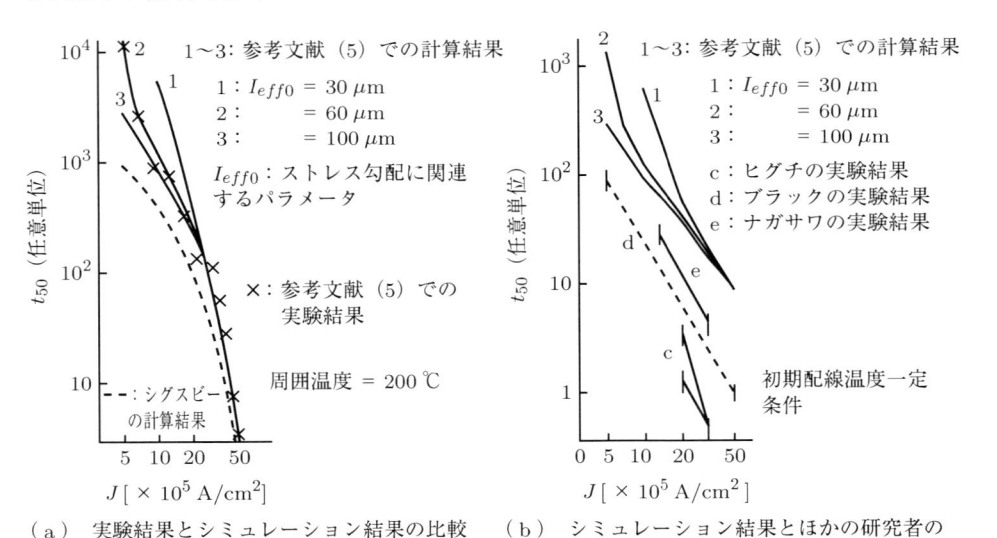

図1.26　電流密度によりnが変わるようす

前述した原子流束と現実の配線での故障現象を結びつけるモデルは数多く提案されているが，上述のシミュレーションも含めて，普遍性のあるものはまだなく，すべてある特定の条件下で近似的に成り立っているものである．したがって，現実の配線およびそれを構成要素とする半導体デバイスの信頼性設計や信頼性予測のためには，実験により分布も含めたすべてのパラメータを決める必要がある．

ここでは，Alを主体とした配線でのEMについて解説した．先端デバイスで用いられている銅配線や，従来から一部では使われている金配線についても，基本的な事項はAl主体の配線と同様に考えてよい．ただし，現象の詳細が異なり，現象としての細部での違いが，寿命という観点からみると大きく変わってくる場合があるので，材料や構造やプロセスごとにきめこまかな評価が必要である．詳細は参考文献（1）を参照されたい．

COLUMN 2： $n = 2$ と信じこんで大失敗

ここで，筆者の実体験から上記 n の重要性について記す．筆者がEM試験を行い，それをもとに設計基準をつくっていたころの話である．

新製品用に新しい構造の配線を採用したいので，その配線構造のEM評価をしてほしいとの依頼があった．さっそくその構造での配線TEG（Test Element Group，試験専用構造）をつくってもらい，加速寿命試験を行い，設計基準を作成することにした．試験をはじめてしばらくすると，設計部門の人が毎日のようにやってきては，まだ基準はできないかという．電流密度依存性のデータが出るまで待っていたのでは，納期が間に合わないという．仕方がないので，電流密度依存性のべき定数の値はブラックの論文のとおり2と仮定して基準を作

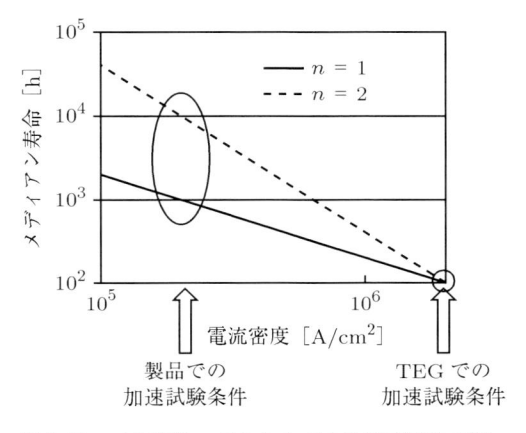

図1.27 べき定数 n が2と1での外挿予測値の違い

成した．製品ができあがり，製品としての信頼性試験を実施した．すると1000時間も経たないうちから，高温バイアス試験で故障がではじめた．故障解析を実施してみると，EMによる抵抗増加が原因であることがわかった．計算上はそんなに早く故障するはずがない．何が起こったのかわからない日々がつづいた．そのころ，並行して進めていた配線TEGでの，電流密度依存性を示すデータがではじめていた．べき定数はどうも1に近い，ということが日に日に明確になってきた．べき定数を2と仮定したのが大きな間違いだったのである．

製品の加速寿命試験では電流密度による加速はあまりできない．このため，TEGと製品では，加速寿命試験での電流密度には一桁の違いがある．べき定数が本来1であるのに2と仮定して設計したため，予想より一桁早く故障が起こったのである（図1.27参照）．皮肉にも，この「$n=2$」という仮定を除けば，予測は正しく行われていることがこれで実証された．

1.3.2 ストレスマイグレーション（温度差が生むストレスが原因）

ストレスマイグレーション（Stress-Migration, SM）[1] とは，Al配線とその周囲の絶縁膜との**熱膨張係数の差**が原因で，Al配線に応力がはたらき，Al配線中のAl原子が移動する現象である．図1.28に示すように，通常，最終熱処理工程は400℃程度であり，その温度においては，応力は小さい．その後，室温に戻すと，Alの熱膨張係数（23.0×10^{-6}/℃）が周囲の絶縁膜の熱膨張係数（$0.6 \sim 3.2 \times 10^{-6}$/℃）に比べて大きいため，Alは十分に縮みきれない．その結果，Al内部に引張応力がはたらき，この応力を緩和するためのAlの移動によりAlが欠乏する箇所ができ，抵抗増や断線などの故障が起こる．1980年代半ばに配線幅が$2\mu m$を切ったころから，問題が表面化した．

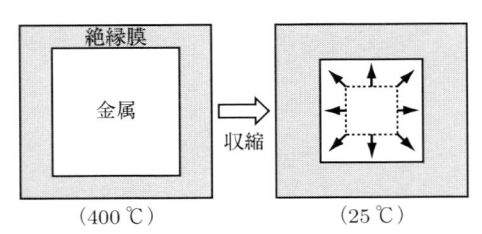

図1.28 SMの基本的メカニズム

---

[1] SMという呼び方は和製英語であるが，一般に通用するようになっている．英語では，stress-induced phenomena, stress-induced voiding という使われ方をしている場合が多い．

応力により金属原子が移動して破壊するという現象は，金属学の分野で古くから**クリープ現象**として知られていたものである．これが，半導体デバイスの故障現象として表面化したのは，配線の微細化により配線の受ける応力が大きくなってきたことによる．

EM と同様，Cu などの微量元素の添加によりかなり劣化を抑制することができる．また，TiN などを Al の上下に敷いた構造が多く用いられるようになり，SM に起因した Al 配線の微小なスリット状の断線は，微小な抵抗増として現れるだけとなる．応力が低くなる絶縁材料の使用やプロセスの低温化による熱応力の低減も，SM 劣化防止に有効である．EM と複合的に起こる場合もあるので，信頼性設計および信頼性予測には総合的な注意が必要である．

SM による劣化の温度依存性は，一般的なアレニウス則には従わない．その理由は，図 1.29 に示すように，温度依存性に正反対の二つの要因がはたらいているためである．一つ目の要因は，上述した熱膨張係数差により発生する熱応力である．通常，400 °C 程度で最終熱処理が終わったときに応力は最低となっており，その後，温度を下げることにより熱応力が発生し，温度が低いほど熱応力は大きくなる．二つ目の要因は，原子の拡散である．応力を緩和するために原子が拡散する．これは，アレニウス則に従い，温度が高いほど大きい．この二つの要因があるため，劣化の温度依存性が最大になる温度が存在する．150～200 °C 近傍で最も劣化が激しくなる場合が多い．

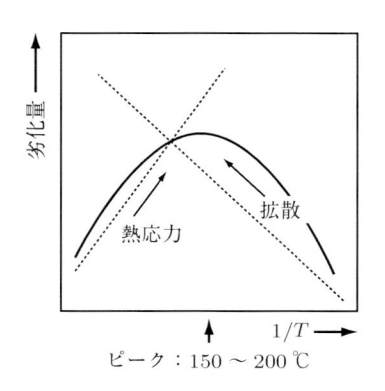

図 1.29 SM 劣化の温度依存性

SM は，Cu 配線でも起こるが，起こるようすは Al 配線の場合とはかなり異なり，幅の広い配線が関係してくる．150～200 °C 近傍で最も劣化が激しくなる点は同じである．詳細は参考文献（1），（6）を参照されたい．

1.3.3　TDDB（時間経過が必要な絶縁破壊）

　時間依存性のある絶縁破壊現象を **TDDB**（Time Dependent Dielectric Breakdown）とよぶ．もともとは，ゲート絶縁膜などの薄い絶縁膜で問題となっていたが，先端デバイスで銅配線と誘電率の低い絶縁膜が用いられるようになってからは，銅配線間でもこの現象が起こるようになった．絶縁破壊現象は電界依存のタイプが通常知られており，電界を徐々に増加していくと，ある電界で急激に絶縁破壊を起こす．一方，TDDB は瞬間的な絶縁破壊を起こさない低い電界でも，その電界をある時間かけているとリークや絶縁破壊を起こす現象である．

　ゲート絶縁膜の場合は，大きく 3 種類のモードに分類されることもある．
　① 絶縁膜中にピンホールなどの大きな欠陥があるための劣化で，歩留まりに影響を与える．
　② 不純物などに起因する欠陥があるための劣化で，初期故障期間および偶発故障期間に表れる．
　③ 絶縁膜本来の物性による劣化．

　②の多くはバーンインによるスクリーニングが可能であるといわれている．良質の絶縁膜では③のモードのみが表れる．

　故障寿命の分布はワイブル分布で近似できる場合が多いが，対数正規分布でよく近似できる例もある．詳細は参考文献（1）を参照されたい．

1.3.4　その他の重要な故障原因・故障メカニズム

　チップ上の故障で，いままで述べた EM，SM，TDDB 以外で重要な故障メカニズムに，ホットキャリアによる素子や酸化膜の劣化，α 粒子でのソフトエラーなどがある．また，パッケージの高温実装時における水分の急激な気化により引き起こされる，ポップコーン現象によるクラックなども重要な故障メカニズムである．

　また，製造工程不良の原因は故障原因にもなる．結晶欠陥やパーティクルによる不良・故障がその代表である．

　これらの故障・不良の原因・メカニズムについては，参考文献（1）などを参照されたい．

第2章 デバイス評価技術概要

　第1章では，評価という観点からみた半導体デバイスの大まかな特徴を述べた．この章では，評価する際に用いる各種の方法について，その概要を紹介する．

　半導体デバイスの評価方法を大きく四つに分けて述べる．まず最初に，デバイス本来の機能を評価する方法について簡単に述べる．つぎに，その機能が使用中に変化して最後には故障するわけであるが，故障までの状態をシミュレートする信頼性試験法について述べる．三つ目に，故障した箇所を見つけ出し，その根本原因を究明する故障解析について述べる．故障解析と相補う形で統計的に寿命データを解析する．最後に，その寿命データ解析について説明する．寿命データ解析では，故障時間の分布を判定し，分布のパラメータを推定する．これをもとに信頼性設計や信頼性予測を行うことができる．

　これらの方法の詳細にはここでは立ち入らない．信頼性試験法については第3章で，故障解析については第4章で，また，寿命データ解析については第5章で，それぞれ詳しく述べる．そして，これらの方法を用いたデバイス評価の実例を第6章で述べる．

2.1 機能の評価（テスティング）

　テスティングという用語は，**広義**では，電気的テスト，電子・イオン・光ビームをプローブ（探針）として用いたテスト，測長など，半導体デバイスの評価すべてを含めて用いられている．日本最大の故障解析関連シンポジウムである「LSIテスティングシンポジウム」は広義のテスティングが対象である．**狭義**では，プロービングも含めた手段で，半導体デバイスの**電気的機能のテスト**を行うことをさす．ここでは，狭義のテスティングについて述べる．

　半導体デバイスの機能をすべてテストすることは，ある程度機能が複雑になってくると，現実的には不可能となる．通常，テスティングは半導体デバイス単体で，その端子あるいはパッドからテスト信号を入力し，その結果，出てくる出力信号を期待値と比較することで行われる．よりよくテストをするために，テストが容易に行える設計法をとったり，テスト機能をチップにつくり込んだりする．また，半導体デバイスを実際に使用するシステムに組み込んでテスト（システムテスト）をすることで，半導体デバイス単体では十分なテストができない機能のテストも可能になる．

　I_{DDQ}テストは，このような通常の機能テストを補う，または場合によってはおき換える目的で考案されたテスト方法であり，物理欠陥が内在するデバイスを検出する方

法である[1]。I_{DDQ}テストが実際にシステムテストとの比較で有効性を示した例を記す[2]。機能テストでは良品と判定されたものの中から，I_{DDQ}値が$20\mu A$以上あった117個を実際のシステムに組み込んでテストをした。そのうち，$100\mu A$以下であった56個からは故障が起こらなかったが，$150\mu A$以上であった39個のうちから12個と実に31%もが故障した。

機能をテストすることができる能力，すなわち**テスタビリティ**は，二つの下位の機能に分けられる。まず，テストをしたい箇所を活性化する機能と，つぎに活性化した結果を観測する機能である。活性化機能をデバイスの入力端子から行い，出力は出力端子からではなくプロービングで行う方法の代表が，電子ビームテスティングである。このような機能をもったテスタは，電子ビームテスタあるいはEBテスタとよばれている。

チップ内にテスト機能を盛り込むBIST（Built In Self Test）や，テストをしやすくデバイスを設計するDFT（Design For Testability）といった，設計の際にテスタビリティを向上させる手段も，ますますその重要性を増してきている。

テスティングに関する最新の動向は，参考文献（3）〜（5）を参照されたい。

2.2 信頼性試験（耐久性・耐環境性の試験）

2.2.1 信頼性試験の特徴

信頼性を評価するための**信頼性試験**では，使用環境や使用時のストレスをシミュレートする。その結果から，デバイスの信頼性の指標あるいは信頼性特性値であるパーセント点や故障率を推定したり，寿命分布のパラメータであるメディアン寿命，尺度パラメータ，形状パラメータを推定したりする。また，逆に，要求値が先にある場合には，デバイスの信頼性指標がその要求値に合致しているかを判定するためにも使われる。さらには，寿命分布がどのような理論分布で近似できるかを判断するためにも使われる。

信頼性試験は，現象論的故障モデルにおける限界モデルと耐久モデルに対応させて，大きく環境試験と耐久試験とに分けられる。耐久試験は，一般に寿命の加速を行うため，通常は加速寿命試験とよばれる。

信頼性試験は，実際の製品であるデバイスを対象に実施する場合と，TEG（Test Element Group）[1]を対象に実施する場合とがある。TEGは，デバイスの構成要素

---

1) TEGは和製英語であるが，長く広く使われているので，ここでも採用した。通常の英語での表現ではtest structureという用語が使われている。

である配線やトランジスタなどに対するテストをする目的で，テスト専用の構造を実際のデバイスと同じプロセスで製造したものである．TEG を用いると，寿命加速が容易に行え，特性評価も詳細に行うことができる．

　信頼性試験は，ほかの試験（電気的試験，寸法・重量の測定など）と異なる点が多く，注意が必要である．主な相違点を以下に列挙する．

① 破壊試験であるため，全数試験ができず，抜き取り試験となる．同じ理由で，同一試料についての繰り返し試験ができず，試験そのものに起因するばらつきの推定が困難である．

② 測定対象である故障時間のばらつきが大きい．ほかの試験における特性値の分布は左右対称の正規分布で近似できることが多いが，信頼性試験における特性値である故障時間は，長時間側に尾を引いたワイブル分布や対数正規分布で近似できる場合が多い．

③ 全サンプルが故障するまで試験することが少なく，途中で打ち切ることが多い．途中までは完全にデータがそろっている，定数打ち切りデータや定時打ち切りデータを解析するためには，確率プロットによる解析が容易である．ただし，故障原因が二つ以上ある場合には，ワイブル分布なら累積ハザードプロット法により解析する．対数正規分布の場合には，累積ハザード値を累積故障確率に変換後，確率プロット法で解析する．

④ 故障率が小さい場合が多いため，妥当な推定・判定を行うためには，膨大なサンプル数と長時間の試験が必要となる．時間は，加速寿命試験やサドンデス法（突然死試験法，sudden death test）による短縮化（加速）が可能であるが，サンプル数については実効的に増やすための有効な一般的方法はない．特殊な場合（現実には多い）として，故障がランダムに発生する場合（寿命分布が指数分布の場合）は，サンプル数と時間を掛けたもの（デバイスアワー）が意味をもつため，時間の加速がサンプル数を増やしたのと同じ効果を生む．

　ここで，サドンデス法について少し説明しておく．サドンデス法とは，サンプルを直列系のグループに分けて試験し，各グループごとに最初に故障が起こったときにそのグループの試験を打ち切る，という試験の方法をいう．たとえば，30 個の配線 TEG を 6 個ずつの 5 組のグループに分け，各グループ内は直列に電流を印加し，各組内の 1 個が故障すればその寿命をデータとし，そこでその組の試験を打ち切る．すべての試験が終了してもデータは 5 個しか得られないが，時間は大幅に短縮できる．ただし，推定精度は落ちる．6.3 節に具体例を示す．

2.2.2 加速寿命試験または耐久性試験（寿命の評価）

加速寿命試験では，製造後のデバイスの耐久性を試験する．本来なら寿命加速を行わなくても耐久性は試験できるが，現実には半導体デバイスの寿命は長いので，寿命加速により耐久性試験を実施することが必要になる．そのため，耐久性試験という用語より加速寿命試験という用語のほうがよく使われる．加速寿命試験において，寿命を加速するためのストレスは，温度，湿度（相対湿度，絶対湿度），電圧（電界），電流（電流密度），熱応力（温度変化と熱膨張係数差に起因する機械的ストレス）などがある．

具体的な試験方法としては，たとえば，高温保管，高温連続動作試験，高温バイアス印加試験，断続動作試験，高温・高湿保管試験，高温・高湿動作試験，プレッシャークッカー試験（PCT），非飽和 PCT，超高加速試験，温度サイクル試験などがある．

ちなみに，非飽和 PCT はもともとイギリスで提案されていた方法であるが，IBMが HAST（Highly Accelerated Stress Test，高加速ストレス試験）と銘打って発表してから普及し出した．HAST の本来の意味からいうと，それが非飽和 PCT 試験である必要はない．このように，試験の名前には，その原理あるいは手段に視点をおいてつけたものと，目的に視点をおいてつけたものと，それら両者をミックスしたものとがある．

加速寿命試験結果の解析方法の概要は 2.4 節を，詳細は第 5 章を参照されたい．寿命と各種ストレスの関係は 3.1 節を参照のこと．

2.2.3 環境試験（限界の評価）

環境試験では，製造後の輸送・実装・使用での熱的・機械的ストレスなどに対する耐性を試験する．環境試験は，熱的環境試験，機械的環境試験，その他に分けられる．熱的環境試験では，実装時の温度およびその変化に対する耐性を試験するため，たとえば，はんだ耐熱試験のあと，温度サイクル試験と熱衝撃試験を行う．機械的環境試験では，製造後の輸送・実装・使用での機械的ストレスに対する耐性を試験するため，たとえば，可変周波数振動試験，衝撃試験，定加速度試験を行う．その他の環境試験としては，はんだ付け性試験，端子折り曲げ強度試験がある．表面実装をシミュレートする試験や ESD 耐性をシミュレートする試験も，環境試験の一種である．

2.3 故障解析

故障解析とは，最も狭義には，故障が起こってから，そのメカニズムを明らかにす

るために，その発生箇所の同定を行い，物理的化学的原因の究明までを行うことをいう．通常，故障解析という用語は，この意味で用いる場合が多い．故障解析の手段としては，電気的，物理的，金属学的，化学的な解析技術を駆使する．MIL-STD-883 での定義がこれに近い[1]．これらの解析技術には，故障解析以外の目的で使われている解析技術も多い．むしろ，故障解析のみに用いられる技術のほうが少ないくらいである．

故障解析という用語は，最も狭義の原因究明に加えて，設計・製造面，あるいは使用面の技術的ならびに管理的な面からも，故障が発生した原因を解析することをさす場合もある．最も広義には，旧版 JIS Z 8115 での定義のように，故障物理とほとんど同じ意味で使われることもある[2]．JIS Z 8115 も 2000 年の 19 年ぶりの改訂版では，MIL-STD-883 と同義の定義に変更された[3]．

ここでは，通常，よく使われる意味，すなわち最も狭義な意味で，故障解析という用語を用いる．

2.3.1 故障箇所絞り込み技術（故障箇所を探す）

半導体デバイスのチップ上で**故障箇所を絞り込む**といっても，経験がない人にはピンとこないであろう．そこで，われわれが普段生活しているスケールと比較して考えてみる．1.1.2 項で，チップサイズと M1 ハーフピッチの寸法比は，日本全体からみると 0.5～2 m 程度（2011 年では 2 m，2024 年では 0.5 m）に相当することを示した．ここでは，地球全体のなかから人を探すことと比較してみる．地球の外周は赤道付近で約 4 万 km であり，人の大きさの 1～2 m とは約 7 桁離れている．半導体デバイスチップの一辺は約 1 cm であり，それより 7 桁下は 1 nm となり，ちょうど，故障の原因となる欠陥の最も小さいものと同程度の大きさである．すなわち，スケール面だけでいうと，デバイスの故障の物理的原因となる欠陥を探すのは，地球的な規模で人を探すのと同程度に困難なものであることがわかる．

南極のテントのなかから大手町と携帯電話で話ができるほど通信網の発達した現代でも，その通信手段を絶った犯人を探し出すのは並大抵のことではない．

故障探しにも同程度の困難さがあるが，故障箇所から何らかの信号が出ていれば探

---

[1] MIL-STD-883 での定義：故障解析とは，報告された故障を確認し，故障モードあるいはメカニズムを明らかにするために，必要に応じ電気的特性，物理，金属学，化学的な多くの進んだ解析技術により故障後の調査をすることである．
[2] JIS Z 8115 での定義：アイテムの潜在的または顕在的な故障のメカニズム・発生率および故障の影響を検討し，是正処置を検討するための系統的な調査研究である．
[3] JIS Z 8115（2000）での定義：故障メカニズム，故障原因及び故障が引き起こす結果を識別し，解析するために行う，故障したアイテムの論理的，かつ，体系的な調査検討．

しやすい．その種の信号として，微弱発光がある場合には，エミッション顕微鏡（Photo Emission Microscope，以下 PEM と略す）で故障箇所が絞り込める．異常な電流経路は IR-OBIRCH（InfraRed Optical Beam Induced Resistance CHange，赤外利用光ビーム加熱抵抗変動）法で絞り込める．異常発熱がある場合は液晶塗布法や赤外顕微鏡法を用いて故障箇所が絞り込める．また，周囲と違う異常行動をする犯人は捜しやすいように，物理的応答が異常であると，故障も探しやすい．その物理的応答が，抵抗値の温度依存性や熱伝導度や熱起電力であったりする場合には，OBIRCH法や IR-OBIRCH 法といったレーザビーム加熱法を用いて故障箇所が絞り込める．

　有効な信号が出ておらず，異常な物理的応答も目立たない場合には，故障解析は困難をきわめる．ただし，デバイスの場合は故障箇所からの情報がまったくないということはない．そもそも，信号を記憶・伝達する箇所が，何らかの原因で期待値どおりの信号を記憶・伝達できなくなった状態が故障である．したがって，本来の機能としての電気的信号という面からみると，必ず，何らかの異常信号が出ているか，本来，出るべき信号が出ていないかのどちらかである．したがって，本来の信号伝達経路で信号を観測することで，故障箇所を絞り込むことができる．本来の信号伝達経路とは，入力ピン（あるいはパッド）→チップ内部の配線→出力ピン（あるいはパッド）である．通常の LSI テスタのみを用いる場合には，電気信号の観測箇所は入出力ピンまたはパッドだけであるが，電子ビームテスタを用いることで，チップ内部配線の信号の直接観測も可能なので，効率よく故障箇所の絞り込みができる．

　しかし，近年，配線の多層化が進み，電子ビームテスタで観測が可能な，デバイスチップ表面から1～2層までの観測で故障箇所を絞り込むのは困難な場合が増えてきた．その対応策として，近年，使用頻度が増しているのが，「故障診断」と半破壊解析法である．この分野で「故障診断」とは，LSI テスタによる電気的測定結果と設計データ（回路，レイアウト）のみから故障箇所を絞り込むことをいう．半破壊解析法とは，配線層の一部または全部を除去した後，電子ビームや金属探針で電気的特性の解析を行う方法である．上記の電子ビームテスタの原理のもとになった，電圧コントラスト法や，電子ビーム照射にともなう吸収電流を使うことで，配線の断線・ショート箇所などの欠陥の絞り込みができる．

　地球上に通信網を発達させることで，人同士の連絡がとりやすくなったように，デバイス内部にも故障診断を容易にするためのしくみを組込む提案が数多くなされ，実用化されている．

2.3.2　物理的解析技術（故障の根本原因の究明）

　前項では，故障箇所を絞り込む方法を概観した．それらの絞り込み手法はすべて非

破壊的あるいは半破壊的なものである．非破壊的な方法で，1 μm 程度の領域までは絞り込める．絞り込んだ領域を光学顕微鏡で観察することで，配線部の欠陥のうち最上層かその下の配線に関しては，配線間ショート，配線の断線などのうち，0.5 μm 程度までの大きさの欠陥はみつけることができる．

それ以外の欠陥を検出するためには（場合によっては，半破壊的絞り込みのあと），断面出しを行い，断面を観察する方法が最も有効である．FIB（Focused Ion Beam，集束イオンビーム）法を用いることで，狙った箇所の断面出しを 0.1 μm 以下の精度で行うことができる．断面の観察には，FIB の一機能である SIM（走査イオン顕微鏡）法を用いる．これにより，5 nm 程度の精度で欠陥の観察が可能である．さらに，高精度での観察が必要な場合には SEM を，最も高精度な観察が必要な場合には TEM（透過電子顕微鏡）や STEM（走査型透過電子顕微鏡）を用いる．SIM や TEM/STEM で観察を行う場合には，形態上の欠陥の観察だけでなく，結晶性の異常の有無を観察することも可能である．SEM や TEM/STEM で観察を行う場合には，EDX（エネルギー分散 X 線解析）法や EELS（電子線エネルギー損失分光法）を用いて元素分析や状態分析を行うことで，構成物質の異常の有無を観察することもできる．

2.4 寿命データ解析（故障時間を解析する）

半導体デバイスの信頼性に関するデータは，電気的特性値，抵抗値や反射率などの物性値，故障箇所の座標値，物理化学的分析データ，故障寿命時間など，多岐にわたる．そのなかで信頼性に固有のものは故障寿命時間データ（以下，寿命データと略す）である．

2.4.1 寿命データの種類

寿命データは，**完全データ**と**不完全データ**とに分けられる．不完全データは，さらに，**定時打ち切りデータ，定数打ち切りデータ，ランダム打ち切りデータ**[1]に分けられる．図 2.1（a）のように，サンプルに対応した寿命データがすべてあるのが完全データである．途中で計画的に観測を打ち切られたデータとして，同図（b）のよ

---

1) 本書では，定時打ち切りデータおよび定数打ち切りデータ以外の打ち切りデータを，ランダム打ち切りデータとよぶ．必ずしもランダムに打ち切られたものではないデータも含めて，そうよんでいる．これは，本書で扱う寿命データ解析の範囲内では，打ち切りがランダムであるか否かが問題になるケースがないからであり，あまり細かく分類すると，かえってわかりにくくなるからである．ほかのいろいろな打ち切りデータについては，参考文献（6）を参照されたい．

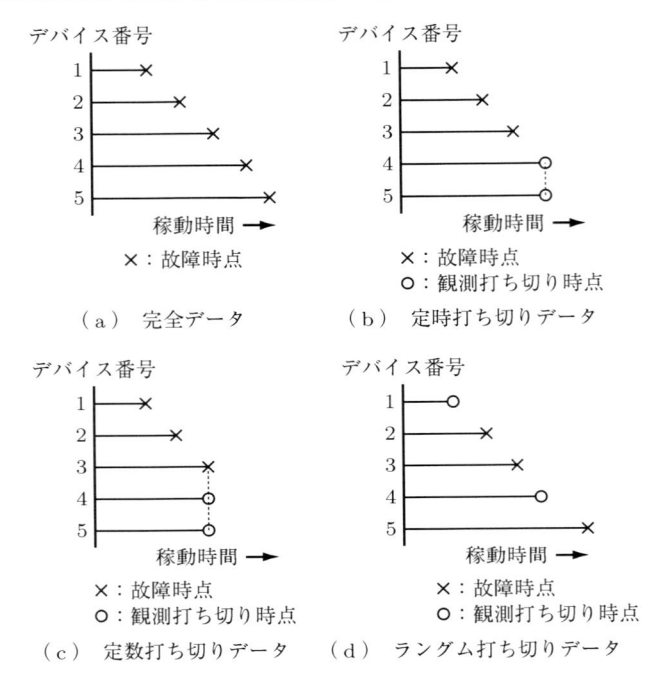

図2.1 寿命データの種類

うに時点を決めて打ち切られたのが定時打ち切りデータで，同図（c）のように個数を決めて打ち切られたのが定数打ち切りデータである．また，いくつかのサンプルが，意図せずに雷によるサージなどで破壊されたり，対象外の故障原因で故障したりなど，計画外の理由で観測を打ち切られたものが同図（d）に示したランダム打ち切りデータである．

故障原因（モード，メカニズム）が複数ある場合，故障原因ごとに解析することで，はじめて正確な解析が可能となる．このとき，ほかの故障原因での故障は打ち切りデータとなり，たとえ全データがそろっていたとしても，ランダム打ち切りデータとして解析する必要がある．

さて，ここで寿命データ解析を行うために，すべての故障品の故障解析をする必要性について述べておく．図2.2（a）に示したように，すべての故障品の故障解析を行い，その結果にもとづいて，確率プロット法なり累積ハザードプロット法なりの寿命データ解析を行うことが理想的な手順である．しかし，現実には同図（b）のように，まず確率プロットを行い，折れ曲がりなどの複数の故障原因の傾向がみられたら，代表的なサンプルに関してのみ故障解析を行う場合が多い．また，両者のミックスも多い．

(a) 理想的な手順

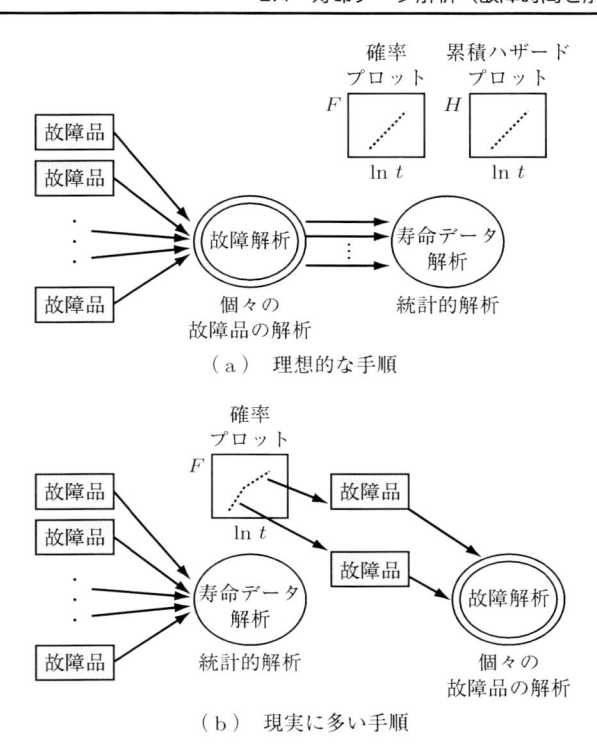

(b) 現実に多い手順

図 2.2　寿命データ解析と故障解析の関係

2.4.2　寿命データの解析法

寿命データ解析では，取得した寿命データの**理論分布への適合性**を検討し，その分布の**パラメータの推定**を行う．パラメータの推定には**点推定**と**区間推定**とがある．点推定では，その推定の確からしさについては定量的には表現しない．また，最も実現確率の高い推定値を最尤推定値という．区間推定では，推定の確からしさを確率で表現し，この確率を信頼水準という．

グラフィック解析法は，上記のどのタイプの寿命データでも容易に実行できるのが特徴である．通常，この解析法を適用する際には，まず，対象となる寿命データが候補となる理論分布に適合しているかどうかを検討し，つぎに，適合している場合にはその分布のパラメータの点推定を行う．グラフィック解析法には累積故障確率にもとづいた**確率プロット法**と，累積ハザード（故障率の累積）[1]にもとづいた**累積ハザー**

[1) 「ハザード」と「故障率」は同じ意味である．医療分野で使われていた「ハザード」という用語が，信頼性工学の分野では「累積ハザード」に関連する場合にのみ用いられている．

ドプロット法とがある．完全データ，定時打ち切りデータ，および定数打ち切りデータの解析は，確率プロット法で行い，ランダム打ち切りデータの解析は累積ハザードプロット法で行う．ただし，現実的には累積ハザードプロット法が行えるのはワイブル分布だけであるので，対数正規分布などのほかの分布への適合性を判断してパラメータを求めるには，少し異なる方法を用いる．すなわち，まず累積ハザード値を推定し，その値をもとに累積故障確率の推定値を計算する（簡単な演算でできる）．そののち，その累積故障確率の推定値をもとに確率プロット法を行う．

数値解析法は，指数分布で近似できることがわかっているデータに対して用いられ，区間推定が容易にできる．

第3章 信頼性試験

この章では，第2章で概要を紹介した信頼性試験について，その基礎をもう少し詳しく解説し，さらにいくつかの重要な点を補足する．

まずはじめに，信頼性評価についての基本的な考え方を述べる．限界モデルと耐久モデルの違い，寿命の加速方法，律速過程の考え方，ストレス－強度モデルとは何か，マイナー則とは何かを説明し，TEGを用いた信頼性評価の必要性についても言及し，具体的な試験項目と条件をいくつか示す．

つぎに，ESD（静電破壊）試験法について述べる．

そして最後に，信頼性試験に用いる手段を，スクリーニングやロットの合否判定に応用する方法について述べる．

3.1 基本的な考え方

3.1.1 限界モデルと耐久モデル

基本的な考え方の最初に，限界モデルと耐久モデルについて少し説明しておく．温度，電界，電流密度などのストレスが，ある限界値を超すと瞬時に故障する現象は，限界モデルで表せる．ストレスをかけた瞬間には故障しないが，ストレスの蓄積などによってある時間が経過すると故障する現象は，耐久モデルで表せる．

二つのモデルの違いをいくつかの例でみてみよう．まず，絶縁破壊の例でいうと，電界依存性のある絶縁破壊は限界モデルで表すことができ，時間依存性のある絶縁破壊（TDDB）は耐久モデルで表せる．つぎに，配線に電流を流した場合では，過電流で溶断する場合は限界モデルで表すことができ，EMで断線する場合は耐久モデルで表せる．後述するストレス－強度モデルの場合では，ストレスにも強度にも時間依存性がない場合は限界モデルとなる．一方，強度に時間依存性がある場合は耐久モデルとなる．

このほか，次項以降で説明するアレニウス則，べき乗則，そしてマイナー則はすべて耐久モデルである．

3.1.2 寿命加速
（1） 温度加速（アレニウス則）

故障時間の温度依存性は，その故障のもとになる化学反応の温度依存性に依存する．化学反応についての温度依存性は，1889年に**アレニウス**（S. A. Arrhenius,

1859～1927年）が提唱し，**アレニウス則**あるいは**アレニウスモデル**として知られているものが最も普及している．ちなみ，アレニウスは「電解質理論による化学の進歩への貢献」により1903年にノーベル化学賞を受賞している．アレニウスの式を以下に示す．

$$K = A \exp\left(-\frac{E_a}{kT}\right) \tag{3.1}$$

ここで，K は反応速度，A は定数，E_a は活性化エネルギー，k はボルツマン定数，T は絶対温度（°C + 273.15）である．

アレニウス則について，図3.1を参照しながら説明する．

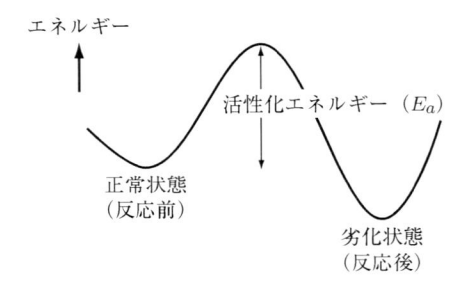

図3.1 化学反応速度のアレニウスモデル

反応前にはデバイスの該当箇所は左側のポテンシャルの谷底の状態（正常状態）にあり，安定している．化学反応が起こって劣化したあとは，右側の谷底のやはり安定な状態にあるとする．正常状態から劣化状態へ移動するためには，間の高い山を経由する必要がある．この山の高さが活性化エネルギーであり，山を越えるための原動力は熱運動である．温度が高いほど熱運動は大きいため，ポテンシャルの山を越しやすい．この関係を定式化したのが式（3.1）である．熱運動は絶対零度（0 K）で量子論的効果を除けばゼロとなるため，絶対温度が基準となる．ボルツマン定数は，原子のミクロな世界と化学反応速度のようなマクロな量を結びつける際によく現れる，重要な定数である．この式では，温度の逆数の指数が入っているため，温度のわずかな違いが反応速度に大きく影響してくる．たとえば，活性化エネルギーが最も典型的な値である 0.5 eV の場合には，25°Cと100°Cでは約50倍，25°Cと200°Cでは約1300倍も反応速度が異なる（5.5節の図5.33および式（5.13）参照）．

この反応速度の温度依存性を表す式から，故障寿命の温度依存性を表す式がつぎのように導かれる．故障の原因となる劣化の量 D の時間依存性が，

$$D = Kt \tag{3.2}$$

のように線形であると仮定する．劣化量が D_L に達したときに故障寿命 L に至るとす

ると，
$$D_L = KL \tag{3.3}$$
が成り立ち，この式 (3.3) と式 (3.1) より，
$$L = \frac{D_L}{A} \exp\left(\frac{E_a}{kT}\right) \tag{3.4}$$
の故障寿命の温度依存性を示すアレニウスの式が得られる．式 (3.4) の両辺の対数をとると，
$$\ln L = \frac{E_a}{k} \cdot \frac{1}{T} + \ln\left(\frac{D_L}{A}\right) \tag{3.5}$$
が得られる．この式 (3.5) は横軸に絶対温度の逆数をとり，縦軸に寿命の対数をとると，図 3.2 のように直線になり，その傾きが E_a/k である．

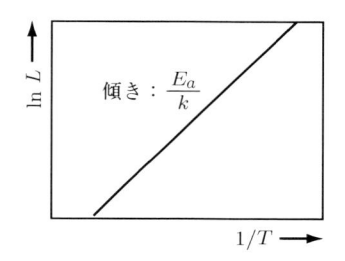

図 3.2 故障寿命のアレニウスモデル

　アレニウス則に従うか否かの判定を行い，従う場合には活性化エネルギーと定数の値を推定する操作をグラフィックな方法で行うことを，**アレニウスプロット**という．詳細は第 5.5 節を参照されたい．

(2) 電流加速 (べき乗則)

　一般に，寿命 L と電流などのストレス S の間には，
$$L = AS^{-\alpha} \tag{3.6}$$
のようにべき乗で表せる関係が成り立つ場合が多い．ここで，L は寿命，S はストレスであり，これを**べき乗則**とよんでいる．式 (3.6) の両辺の対数をとると，
$$\ln L = \ln A - \alpha \ln S \tag{3.7}$$
のように，$\ln L$ と $\ln S$ の間には傾き $-\alpha$ の直線関係が成り立つ (図 3.3 参照)．ここで，α と A はそれぞれ定数である．

　したがって，両対数のグラフ用紙に L と S を打点することで，べき乗則への適合性の判断とパラメータの推定が容易にできる．このべき乗則のべき定数 α の値は実

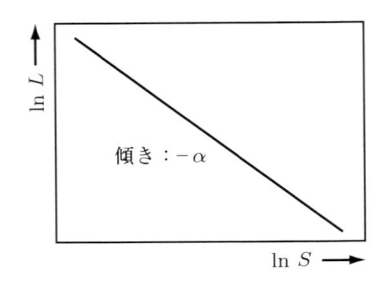

図 3.3　べき乗則

験的に求める．べき定数の値を理論的に求める試みが多くなされているが，一般的には成功していないようにみえる．

具体的な例を EM 故障で説明する．EM 現象による故障は対数正規分布で近似できる場合が多く，そのパラメータでもあるメディアン寿命 t_{50} は電流密度 J との間で近似的にべき乗則，$t_{50} \propto J^{-n}$ に従うと考えられている（EM の場合にはべき定数は習慣上 n を用いる）．この式は，アレニウス則も含んだ形で $t_{50} = AJ^{-n} \exp(E_a/kT)$ と表現され，ブラックの式として知られている．これは，1960 年代後半にブラックが平均寿命 $= AJ^{-2} \exp(E_a/kT)$ として，この式を提案したことによる．その後，寿命の代表値は平均寿命ではなくメディアン寿命であり，n は必ずしも 2 ではないことが明らかになり，$t_{50} = AJ^{-n} \exp(E_a/kT)$ で表現されるようになってからも，ブラックの式とよばれている．

（3）　湿度加速や電圧加速（多彩な式）

温度加速はアレニウス則で，電流密度加速はべき乗則で表せる場合が多いが，これらの場合と異なり，湿度加速や電圧加速に対しては，いく通りもの実験式（経験式）が提案されている．詳細は，たとえば，参考文献（1），（2）を参照されたい．

3.1.3　律速過程

故障が発生する過程は，いくつかの要素過程に分けられる．それらの各要素過程のなかでも全体の進行速度に最も影響を及ぼす過程で，全体の進行速度をほとんど決めているような過程を**律速過程**または**律速段階**という．

律速過程は，必ずしも進行速度が最も遅い過程とは限らない．全体の進行過程のなかでの各要素過程の組み合わされ方に依存して，どの過程が律速過程になるかが決まる．

最も簡単な二つの場合を例にあげて考えてみる．図 3.4（a）に各構成要素過程が直列の場合の，同図（b）に構成要素過程が並列の場合の例を示す．

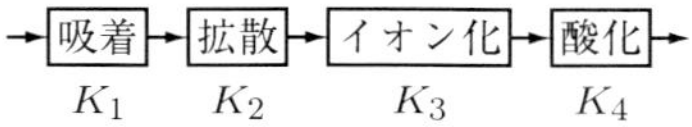

```
  ┌──→ 吸着 → 拡散 → イオン化 → 酸化 →┐      ┌→ 樹脂内への水の拡散 →┐ K₁
                K₁    K₂    K₃     K₄                →│                        │→
                                                      └→ すきまからの水の浸入 →┘ K₂
```

　(a)　各構成要素過程が直列の場合 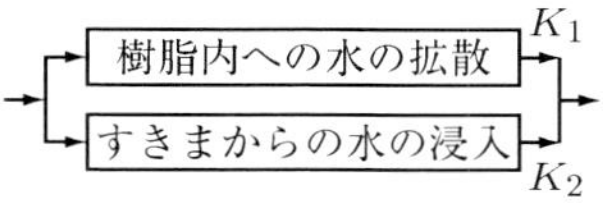　　(b)　各構成要素過程が並列の場合

図 3.4　構成要素と全体の反応速度

　直列の場合とは，直前の過程が終了しないとつぎの過程がはじまらないというように，すべての過程が順番に進行する場合である．このような過程では，最も遅い過程が律速過程となる．

　図 3.4（a）に示した例は酸化の過程であるが，実際の酸化がはじまるまえに，吸着，拡散，イオン化という過程を経る必要がある．このような場合には，全体の反応速度 K の逆数は，個々の反応速度 K_i の逆数に構成過程の反応量に関する定数 C_i を掛けた値の和になる．

$$\frac{1}{K} = \sum_{i=1}^{4} \frac{C_i}{K_i} \tag{3.8}$$

ここで，K，K_i は反応速度，C_i は定数である．これは，つぎのように考えると理解しやすい．C_i が i 番目の要素過程において，つぎの過程の反応がはじまるのに必要な反応生成量だとすると，i 番目の要素過程の反応時間は C_i/K_i である．一方，全体の反応が完了した時点での反応生成量が単位量 1 だとすると，全体の反応時間は $1/K$ である．直列系の定義より，全体の反応時間は個々の要素過程の反応時間の和であるから，式（3.8）が導ける．

　図 3.4（b）に例を示した並列の場合は，すべての過程が同時に進行する場合で，最も速い過程が律速過程となる．図 3.4（b）に示した例では，樹脂を通しての拡散による水の浸入と，樹脂とリードのすきまを通しての水の浸入が同時進行する．このような場合の全体の反応速度 K は，個々の反応速度 K_i の和になる．

$$K = \sum_{i=1}^{2} K_i \tag{3.9}$$

3.1.4　ストレス‐強度モデル

　ストレス‐強度モデルは，対象物にかかるストレスの分布と対象物の強度の分布から，対象物が破壊される確率を求めるモデルである．ストレスも強度も時間変化しない場合は限界モデルであるが，図 3.5 のように，ストレスが一定で強度が時間とともに劣化すれば耐久モデルとなる．

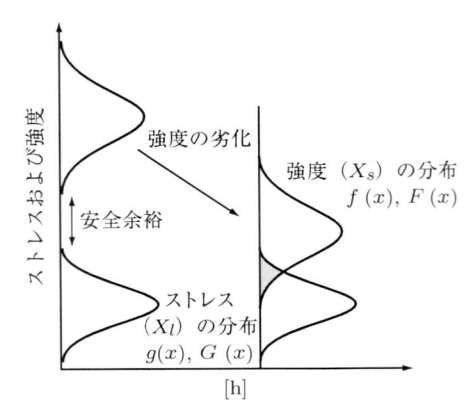

図 3.5 ストレス-強度モデル（ストレスが一定で強度が時間とともに劣化する場合）

最初は左側のように，強度のほうが安全余裕分だけストレスの分布より上に離れている．強度が劣化したあとは，右側のように強度の分布とストレスの分布に重なりが出てくる．この重なった部分で，ストレスが強度を上まわる可能性が出てくる．その確率は，つぎの式（3.10）または式（3.11）のように表せる．

$$Pr(X_s < X_l) = \int_0^\infty f(x)\{1 - G(x)\}dx \tag{3.10}$$

$$= \int_0^\infty g(x)F(x)dx \tag{3.11}$$

式（3.10）は，つぎのように考えると得られる．劣化後の強度分布の確率密度関数を $f(x)$，累積分布関数を $F(x)$，ストレスの確率密度関数を $g(x)$，累積分布関数を $G(x)$ とする．$f(x)dx$ は $(x - dx, x)$ の間に強度がある確率である．そのとき，ストレスが x を上まわる確率は $\{1 - G(x)\}$ であるから，$f(x)\{1 - G(x)\}dx$ は，x の強度で故障する確率になる．これを全 x で積分した式（3.10）が故障する確率となる．

式（3.11）は，ストレスを主体に考えると得られる．まず，$g(x)dx$ は，$(x, x + dx)$ の間にストレスがある確率である．そのとき，強度が x を下まわる確率は $F(x)$ であるから，$g(x)F(x)dx$ は，x のストレスで故障する確率になる．これを全 x で積分した式（3.11）が故障する確率となる．

3.1.5 マイナー則

マイナー則は（線形）**累積損傷則**ともよばれ，「寿命食いつぶし則」とでもよぶと直感的に理解しやすいモデルである．

図 3.6 のように，ストレス S と破壊するまでの印加回数 N の関係を示した曲線を **S-N曲線**とよんでいる．マイナー則は，ストレス S_i のみが N_i 回かかると故障する対象物に対して，S_i のストレスが n_i 回混じってかかった場合に故障する条件は「n_i/N_i の和が 1 に達したとき」というモデルである．S_i のストレスが n_i 回加わることにより，寿命を n_i/N_i 分「食いつぶし」，食いつぶし分の合計が 1 に達すれば故障すると考えるわけである．

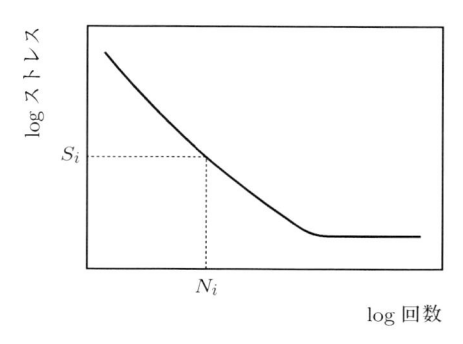

図 3.6　S-N 曲線

3.1.6　製品での評価と TEG での評価

製品で評価をするのではなく，TEG で評価したほうが有効な場合がある．TEG とは，製品としての半導体デバイスを構成する要素（配線，トランジスタ，容量，抵抗など）の一部を，試験しやすいようにチップ上に再構成したものをいう．信頼性試験用だけでなく特性評価用にも構成されるが，ここでは信頼性試験用の TEG に対象を絞って説明する．

信頼性試験を製品ではなく TEG で実施することの利点を以下に列挙する．
① 評価対象要素のみの試験ができるため，寿命加速が容易である．
② 評価対象要素のみの試験ができるため，故障解析が容易である．
③ 構成が単純であるため故障解析が容易である．
④ 評価対象要素のみの試験ができるだけでなく，故障メカニズムおよび故障モードが単一となるような試験が可能なため，データ解析が容易である．
⑤ 完全データ，定数打ち切りデータ，定時打ち切りデータといった解析が容易で，なおかつ寿命データの推定精度の見積もりが可能なデータの取得が容易に行える．
⑥ 製品に用いるすべてのプロセスの開発が完了しない段階から試験ができるため，開発期間の短縮ができる．

⑦　いくつもの要素の信頼性設計や信頼性の確認が並行して行える．
⑧　製品に用いるプロセスの一部を変更する場合，変更する部分のみの試験が容易に実施できる．

　実際の半導体デバイスでは各要素がすべて独立ではないため，厳密には TEG の信頼性試験のみでは，半導体デバイス全体の信頼性を予測したり，確認したりすることはできない．

　TEG での信頼性試験を，上記の利点を生かして有効に利用するとともに，製品としてのデバイスでの信頼性試験も実施する必要がある．

3.1.7　信頼性試験項目と試験条件の例

　具体的な信頼性試験項目と試験条件の例を表 3.1 に示す．これらの試験項目やストレス条件は，同じデバイスメーカーでもデバイスの用途により異なる．また，デバイスメーカーとユーザーとの取り決めにより異なる場合も多い．実際の試験の実行にあたっては，対象となるデバイスの実装方法や用途，さらに，信頼性保証に対するユーザーからの特別な要求事項などの内容を十分把握したうえで，試験項目や条件を決定する必要がある．

表 3.1　信頼性試験項目と試験条件の例

	試験項目	試験条件例
加速寿命試験	高温保管試験（HT）	259 °C，295 °C，337 °C
	高温バイアス試験（BT）	125 °C 以上
	高温高湿保管試験（HH）	85 °C/85 % RH*
	高温高湿バイアス試験（HHBT）	85 °C/85 % RH*，バイアス印加
	プレッシャークッカー試験（PCT）	125 °C/100 % RH*
	高加速ストレス試験（HAST）**	130 °C/85 % RH*，バイアス印加
	湿度サイクル試験（TC）	保管温度の最大値・最小値の間
環境試験	熱的環境試験	はんだ耐熱，湿度サイクル，熱衝撃
	機械的環境試験	可変周波数振動，衝撃，定加速
	はんだ付け性	230 °C 5 秒
	端子強度（折り曲げ）	規定荷重，90 度，3 回

［注］　*Relative Humidity：相対湿度
　　　**Highly Accerarated Stress Test：非飽和プレッシャークッカーバイアス試験（PCBT）を高加速の手段に用いている．

COLUMN 3：赤外顕微鏡ではじめて見えたデンドライト

　筆者が TAB（Tape Automated Bonding）構造のデバイスを評価していたときのこと．高温バイアス試験で故障が大量に発生した．最初はチップ側の故障だとばかり思い込んでいて，パッケージ側の故障だと気が付くまで随分かかったのだが，ここではパッケージ側のリークが故障の原因だとわかってからの話である．

　電気特性での現象をみたかぎりでは，パッケージ側のリークであることは間違いないのだが，実体顕微鏡でみても金属顕微鏡でみても，またSEMでみても何も異常はみえなかった．そこで，顕微鏡ならどんな顕微鏡でも順番に試してみようと思い，赤外顕微鏡でみると，きれいな**デンドライト**[1]がみえた．デンドライトの存在箇所がわかってからは，SEMでもみえるようになった．その箇所をEDXで調べると，リードとリードの間の本来有機質のテープしかないところに銅があるのがわかった．EDXで銅元素のマッピングをすると，デンドライト状にきれいに銅が分布していた．高温バイアス試験の間に，銅イオンが電気化学的マイグレーションにより移動し，銅のリード間にデンドライトが成長しリーク故障が発生したのであった．

　高温バイアス試験というと，カラカラに乾燥しているはずなのに電気化学的マイグレーションが起こったのは意外であったが，よく考えれば，人間にとってカラカラでも，吸着した水分はいくらでも残っていて，銅がイオン化するには十分な水分はあったということのようだ．

　随分と古い話なので，赤外顕微鏡の写真は紛失してしまったが，SEM写真と

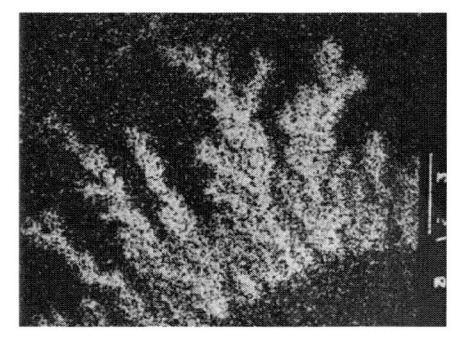

　　（a）　SEM像　　　　　　　　　　（b）　EDXでの銅マッピング
図3.7　TAB構造のリード間に成長したデンドライト

---

1)　樹枝状に成長した結晶の総称．

EDX での銅マッピングの写真は残っていたので，おのおの図3.7（a），（b）に示す．銅のマッピングでリードからの特性X線の発生がないようにみえるのは，銅のリードのうえにめっきされた金により吸収されたためである．

3.2 ESD シミュレーション試験

　静電気による放電現象（Electro Static Discharge），あるいはそれによる破壊現象（Electro Static Destroy）を ESD とよぶ．ESD は信頼性の面だけでなく，製造工程でも重要な問題ではあるが，ここでは信頼性の問題に限定して説明する．
　静電気に対する耐性を試験するために，1970年代後半までは各半導体メーカーが個別に，実際に人体に数千ボルトもの電圧で電荷を帯電させたり，コンデンサーに帯電させたりして，現実の静電破壊をシミュレーションすることが行われていた．1980年ごろに，以下に示すシミュレーションモデルが提案[3]されてからは，統一的なモデルでの試験が行われるようになってきた．
　静電気による半導体デバイスの破壊をシミュレーションするモデルは，大きく三つに分類される[1]．

① **マシンモデル**　機械のフレームのような金属部が帯電し，そこに半導体デバイスの端子が接触する場合をシミュレーションする．電気容量 200 pF に帯電させ，直列抵抗 0Ω で放電させる．

② **人体モデル**　人体が帯電し，そこに半導体デバイスの端子が接触する場合をシミュレーションする．電気容量 100 pF に帯電させ，直列に 1.5 kΩ の抵抗を入れて放電させる．

③ **デバイス帯電モデル**　半導体デバイスが帯電し，それが放電する場合をシミュレーションする．半導体デバイスが帯電する場合を **CDM**（Charged Device Model），パッケージの表面が帯電する場合を **CPM**（Charged Package Model）とよんでいる．

　詳細は参考文献（2）の第4章を参照されたい．

---

1) 参考文献（3）では，この三つのモデルのうち，マシンモデルについては言及していない．マシンモデルは日本発のモデルであるといわれている．

3.3 信頼性試験手段のスクリーニングへの応用

実際の使用期における故障率を低減する目的で，初期故障期に起こる故障をできるだけ取り除くことを**スクリーニング**という．装置などの修理系の構成要素に対しては，同様の目的でデバギングが実施されるが，非修理系である半導体デバイスにはスクリーニングという手段が施される[1]．スクリーニングのために用いる手段は，信頼性試験で用いるものと同じである．取り除きたい故障原因に対応した加速要因を選択し，それに合った試験方法を実施する．たとえば，不純物などの欠陥に起因するTDDB故障が起こるようなデバイスを取り除きたければ，高温バイアス印加試験あるいは高温動作試験を実施する．一般には，高温バイアス印加試験や高温動作試験以外に，高温保管試験，温度サイクル試験が使われることが多い．スクリーニングのための試験は全数に対して実施する必要があるため，正常なデバイスに対する劣化がごく軽微な程度で止める必要がある．このため，故障メカニズムに対する正確な知識と十分な経験にもとづいて実施する必要がある．

3.4 OC曲線（信頼性試験結果にもとづく合否判定）

OC曲線（Operating Characteristic curve, 検査特性曲線）とは，対象ロットからサンプルを抜き取り，試験し，あるルールに従い合否判定を行った場合に，そのロットが合格する確率と，ロットの母数との関係を表した曲線である．この曲線は品質管理でも用いるが，ここでは信頼性の特性値である故障率の場合について説明する．

図3.8に，故障率を合否判定の特性値として選んだ場合のOC曲線の例を示す．横軸に故障率，縦軸にロットが合格する確率をとる．αが故障率λ_0のロットを不合格としてしまう確率であり，第一種の誤りという．**生産者危険**，あるいは，あわてものの誤りともよばれている．そうよばれる理由は，故障率λ_0は十分低いので，本来ならすべて合格すべきなのだが，αの確率で不合格になるためである．βが故障率λ_1のロットを合格としてしまう確率であり，第二種の誤りという．**消費者危険**，あるいは，ぼんやりものの誤りともよばれている．そうよばれる理由は，故障率λ_1は受け入れにくいほど高いので，本来ならすべて不合格にすべきなのだが，βの確率で合

---

[1] デバギングとスクリーニングの定義（JIS Z 8115 [4]）．
　・デバギング：初期故障を軽減するため，アイテムを使用開始前または使用開始後の初期に動作させて，欠点を検出・除去し，是正すること．
　・スクリーニング：故障メカニズムに即した試験によって，潜在欠点を含むアイテムを除去すること．

OC 曲線

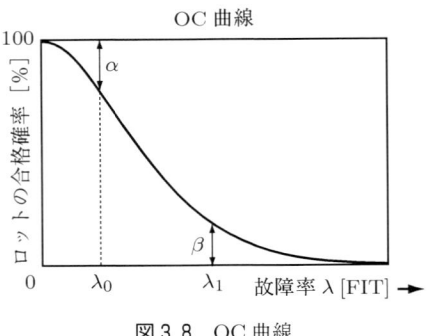

図 3.8 OC 曲線

格になるためである．

　この曲線の形は，抜き取りの方法に依存する．また，図 3.8 に記したパラメータ α，β，λ_0，λ_1 をどう規定するかに依存する．つぎの二つの抜き取り方式がよく使われる．

① (λ_1, β) のみで試験規模を設定し判断する方式（計数 1 回抜き取り方式）．不特定多数のユーザーが相手の場合，メーカーがユーザーの立場に立ち，ユーザーに悪いものを渡さない許容値として，λ_1 と β を設定する．実際の手続きとしては，総試験時間中に発生した総故障数と判定基準個数とを比較して，合否判定を行う．

② (λ_0, α)，(λ_1, β) の 2 点で試験規模を設定して判断する方式（計量 1 回抜き取り方式）．ユーザーとメーカーが相談しあい，許容できる λ_0，α，λ_1，β の値を決める．実際の手続きとしては，信頼性試験の結果得られた故障率の値と判定基準値を比較することで，合否判定を行う．

　具体的な例などの詳細は参考文献（5）を参照のこと．

第4章 故障解析

科学技術の発達は，多くの失敗のうえに成り立ったわずかな成功によるものである．その多くの失敗を成功に変えるのは，故障解析あるいは不良解析である．たった1個のモノを動作させるまでの評価解析，動作したモノを長時間動作するように改良を加えるための評価解析，さらには，多数のモノを歩留まりよく量産するための評価解析など，これら評価解析の多くは，故障解析・不良解析の範疇に属する．

現在の半導体デバイスの技術分野は細分化され，一人の技術者が，研究，開発，試作，量産，販売，品質保証のいくつものフェーズにまたがって担当することは少ない．故障解析は，これらのどのフェーズにおいても必要なものであるが，その実行は専門の技術者に委ねることが多いのが現状である．

このような現状において，半導体デバイスに携わる技術者が，自身の担当フェーズからみて理解できるように，この章では，デバイスの故障解析に用いられる手法・技術をいろいろな側面からみていく．

4.1 故障解析の手順（一歩間違えるとゲームオーバー）

故障解析の手順は大変重要である．半導体デバイスの製造工程の手順を間違えるとモノができないように，故障解析の手順を間違えると正しい解析ができない．モノができなくてもつくり直しは可能だが，故障解析の手順を間違えると，2度と目的の解析ができない場合が多い．それは，同一の故障を再現させることが困難なことと，故障解析には不可逆的な破壊的要素がつきものだからである．

手順の詳細は故障が発生した場合それぞれで異なるが，ここではエンドユーザーで故障が発生した場合を例にとり，その概要を図4.1に示す．この図を参照しながら以下で説明する．

① **故障状況の把握** 故障の症状の確認，使用状況の確認，製造ロットの確認などを行う．
② **外観異常の有無の確認** 傷，クラック，腐食，異物の付着などの有無を裸眼，実体顕微鏡などで確認する．
③ **電気的特性の測定** 規格値との比較，故障モードが報告されたものと同一かなどの確認を行う．
④ **内部非破壊観察** X線透視，X線CT，超音波探傷法，ロックイン利用発熱解析などで，パッケージの外側からボンディングワイヤの状態，異物の有無，発熱

```
故障状況の把握 → 外観異常の有無の確認 → 電気的特性の測定（4.3節）→ 内部非破壊観察（4.4節）→ パッケージ開封（4.5.1項）→ チップ表面の観察（4.5.2項）→ 故障部位の推定（4.5.2項）→ 物理化学解析 構造解析（4.5.3項）→ 故障原因推定・確認 検証実験 対策・再発防止策 報告などの後，対策の実行
```

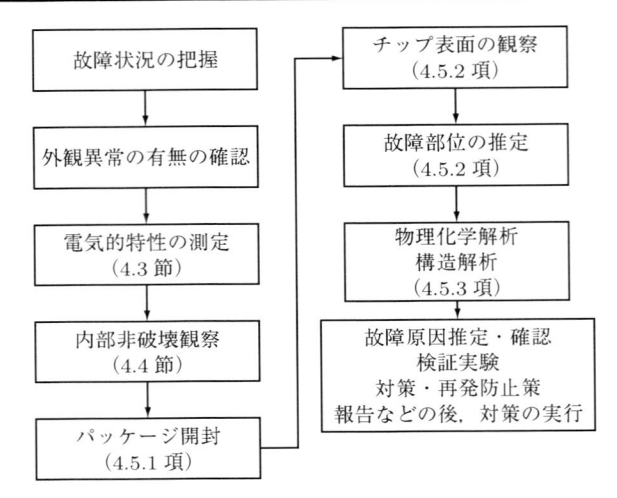

図 4.1　故障解析の手順の概要

箇所などを確認する．
⑤　**パッケージ開封**　パッケージを開封し，チップ表面側または裏面側を剥き出しの状態にする．
⑥　**チップ表面の観察**　可視光や赤外光の顕微鏡で，溶融痕，腐食，断線，異物などの故障と関連する形状・色などの異常の有無を，表面側や裏面側から確認する．
⑦　**故障部位の推定**　PEM，IR-OBIRCH などにより故障箇所を非破壊で絞り込む．非破壊解析法だけでは十分に狭い領域まで絞り込めない場合は，チップの一部を破壊しながら，電位コントラスト法，吸収電流利用抵抗性コントラスト像法（EBAC-RCI），ナノプロービング法などを利用してより狭い領域まで絞り込む．
⑧　**物理化学的解析・構造解析による故障原因の解明**　SIM，SEM，TEM/STEM などによる形状解析，EDX，EELS などによる元素分析，状態解析を行う．表面的解析だけでなく FIB などでの断面出し，平面出し後，内部の解析も行う．
⑨　**根本原因究明・対策**　故障メカニズムや根本原因の推定と確認・検証のための各種実験，対策・再発防止策の立案，報告などによる締めくくりを行い，対策を実行する．
手順の概要は以上のようなものである．

4.2　故障解析技術をすっきり分類

LSI は機能的に複雑で，構造面でも微細かつ複雑なことから，その故障を解析する

ための手段も多岐にわたる．その個々の手法を説明するまえに，いくつかの観点から，その全体像を述べる．

4.2.1 しくみ面からの分類

まず，故障解析に用いる手法を，異常をいかに検出・観測するかというしくみの面から分類し，概観する．

図 4.2 に，故障を解析する際にデバイスに与えるものと，その結果，出てくるものを示す．

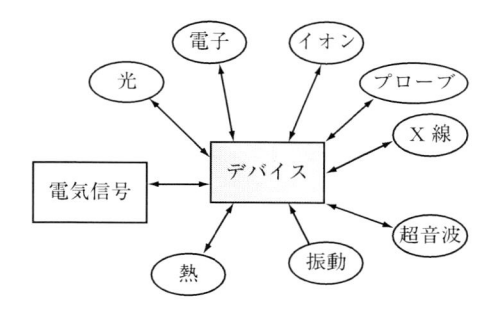

図 4.2 故障解析の際にデバイスに与えるものと出てくるもの

電気信号を入力するのは当然であるが，それ以外に，光，電子，イオンを細く絞ったビームの形で照射する．光は可視光だけでなく，赤外光，紫外光も使い，レーザビームとして照射することが多い．光，電子，イオンの3種類のビームを用いた手法は多岐にわたる．プローブとは，走査プローブ顕微鏡（SPM）のプローブやタングステン針である．SPMは，故障解析の手法としては，電気的特性測定以外ではまだ一般的ではないが，多くの興味ある試みがなされている．タングステン針は，電気的特性測定に使われている．X線や超音波も，パッケージ内部を非破壊で調べるのに用いられる．振動を与えることは，パッケージ内部の異物の存在の有無を確認するのに用いられる．熱を微小な領域に与えることで，チップ上の熱的特性の異常が検出できる．通常は，レーザビームで加熱する．発熱箇所の観測は赤外光を利用して行われる．

さて，これらのものを入出力した際に，デバイス内部で起こるどのような異常現象が観測できるのかを 14 通りに分類し，入力，出力，観測手法・装置を一覧にして表 4.1 に示す．さらに，図 4.3～図 4.9 に大まかなイメージとして示すが，これはあくまでも正常な場合と異常な場合の典型例や一事例を直感的に表すものであり，全貌を正確に表すものではない．

表 4.1　デバイスへの入出力と内部で起きる異常現象一覧

内部で起こる異常現象	入力	出力	手法・装置	対応図
電位	電気信号	電気信号	LSI テスタ, カーブトレーサ	4.3 (a)
	電気信号／電子ビーム	2 次電子	EB テスタ	
電流	電気信号	電気信号	LSI テスタ, カーブトレーサ	4.3 (b)
	電気信号／レーザビーム		OBIRCH 法	
発光	電気信号	光	PEM	4.4 (a)
発熱	電気信号／光（偏光）	光（偏光）	液晶法	4.4 (b)
	電気信号	光（赤外）	PEM, 赤外利用熱解析法	
形状・色	光	光	光学顕微鏡	4.5 (a)
	電子ビーム	2 次電子	SEM	
		透過電子	TEM, STEM	
組成	電子ビーム	特性 X 線	EDX	4.5 (b)
		オージェ電子	AES	
		透過電子	EELS	
	イオンビーム	2 次イオン	SIMS	
	光（赤外）	光（赤外）	顕微 FTIR	
金属薄膜の微細構造	イオンビーム	2 次電子	SIM (FIB)	4.6 (a)
	電子ビーム	反射電子	EBSD (SEM)	
電子・正孔対生成による電流	レーザビーム	電気信号	OBIC	4.6 (b)
熱伝導	レーザビーム	電気信号	OBIRCH	4.7 (a)
温度特性				4.7 (b)
熱起電力				4.8 (a)
ショットキー障壁			IR-OBIRCH	4.8 (b)
弾性的性質	超音波ビーム	反射超音波	超音波顕微鏡	4.9 (a)
異物の衝突	振動	超音波	PIND	4.9 (b)

・**電位の異常**　図 4.3 (a) に示すような電位の異常現象が観測できる．電位の異常をデバイスの入出力端子から観測するには，通常の電気的特性測定に用いる LSI テスタやカーブトレーサを用いればよい．ただし，入出力端子からの測定だけでは，デバイスチップ上の電位異常発生箇所を見つけ出すことは，通常は困難である．デバイ

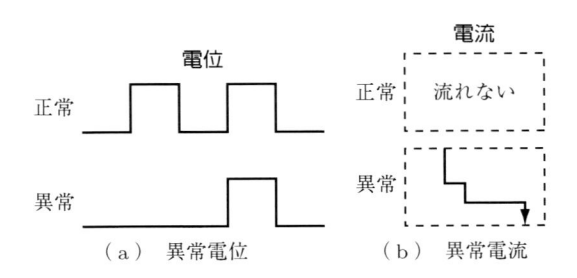

　　　　（a）異常電位　　　　　（b）異常電流

図 4.3　故障解析の際，デバイス内部で起こっている異常現象①

スチップ上の電位を観測できれば，この困難が大幅に軽減される．デバイスチップ上の電位を観測する方法として，電子ビームを用いる方法が実用化されており，**電子ビームテスタ（EB テスタ）** とよばれている．EB テスタのしくみはつぎのとおりである．電子ビームを配線部に照射した際に発生する 2 次電子を検出する．検出される 2 次電子の量は，配線の電位に依存することから，電位の観測ができる．さて，配線の電位の異常が観測されたからといって，物理的故障箇所との対応をとるのは容易ではない．異常電気信号を，その伝播経路と時間をともにさかのぼることで，故障箇所にアプローチしていく．詳細は，EB テスタの項（4.5.2 項（5））を参照されたい．

・電流の異常　図 4.3（b）に示すような電流の異常現象が観測できる．この場合も，入出力端子や電源・GND（接地）端子からは，LSI テスタやカーブトレーサを用いることで電流異常を測定できる．ただし，電位異常の場合と同様，入出力端子や電源・GND 端子での測定だけでは，物理的故障箇所を見つけることは容易でない．現在，LSI の主流をなす CMOS デバイスでは，通常，DC 的な電源電流はほとんど流れない．したがって，DC 的な電流が流れる経路を可視化できれば，物理的故障箇所へのアプローチは容易になる．DC 的電流経路を可視化する手法は，1990 年代に実用化された．そのしくみはつぎのようなものである．レーザビームを配線部に照射して加熱すると，抵抗が増加する．このとき，LSI 外部から電流をモニターしていると，電流が流れている配線にレーザビームが照射されたときに，電流が減少する．レーザビームの走査に対応させて電流変化強度を像表示することで，電流経路像が得られる．この方法は **OBIRCH**（Optical Beam Induced Resistance CHange，オバークと発音する）法とよばれている．詳細は OBIRCH 法の項（4.5.2 項（3））を参照のこと．

・異常発光　図 4.4（a）に示すような異常発光が観測できる．現在，半導体デバイスの主流である CMOS のデバイスチップ上では，通常，強い発光は起こらない．Si におけるバンド間遷移による発光は間接型バンド間遷移なので，きわめて微弱である[1]．物理的故障が原因で起こる発光も，エネルギーバンド間遷移が関係するもの，バンド内遷移が関係するもの，熱放射が関係するものとがあるが，いずれも微弱な発光である．これらの微弱な発光を観測できる高い感度をもった顕微鏡は 1980 年代に実用化され，**PEM** とよばれている．典型的な発光は，酸化膜を通して流れるリーク電流に起因する発光や，MOS トランジスタのドレイン部での高電界起因のホットキャリアによる発光である．詳細は PEM の項（4.5.2 項（2））を参照のこと．

---

1) 価電子帯の頂点と伝導帯の底点が異なった波数ベクトルの位置にあるため，この間での電子・正孔対の消滅による発光にはフォノンの介在か不純物準位の介在が必要となる．このため，発光の確率が低い．詳細は，たとえば参考文献（1），（2）を参照されたい．

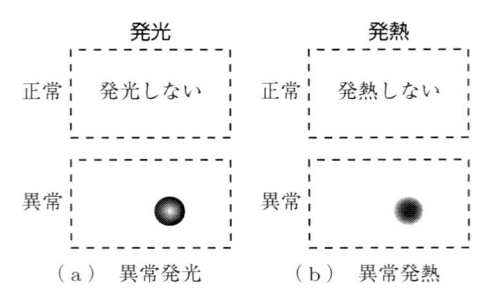

図4.4 故障解析の際，デバイス内部で起こっている異常現象②

・**異常発熱** 図4.4（b）に示すような異常発熱が観測できる．正常な半導体デバイスでは，通常，局所的な発熱がないように設計されている．したがって，故障にともなう発熱箇所を検出できれば，その箇所が物理的故障箇所と関係している可能性が高い．発熱箇所を検出する手法はいくつかあるが，以前は**液晶（塗布）法**が，検出位置精度，検出発熱量感度，効率などの面からみて，最も適しており，よく使われる方法であった．そのしくみは液晶の液晶相と液体相との間の相転移を利用するもので，つぎのとおりである．デバイスチップ上に液晶を薄く塗布する．つぎに偏光顕微鏡のもとで観察しながらデバイスにバイアスをかける．発熱箇所で液晶が相転移を起こして液体相になると，偏光に対する特性が変わるため，コントラストがついて見える．詳細は液晶塗布法の項（4.5.2項（4））を参照のこと．最近では，デバイスチップ上の配線の多層化により，液晶法では検出位置精度や検出感度が不十分な場合が増えてきたため，赤外光を検知する方法が有効に使われている．赤外光を検知する方法としては，上述のPEMで，近赤外域に高感度な検出器を搭載したものや，$3\,\mu m$から$5\,\mu m$程度の範囲の赤外域に感度をもった顕微鏡などが使われる．赤外光を利用する場合は，デバイスチップの裏面からも観測できる．

・**形状や色の異常** 図4.5（a）に示すように，形状や色の異常として故障箇所を検出する方法である．最も汎用性があるのが，光学顕微鏡による方法である．光学顕微鏡には，パッケージ関連の観察に適した，比較的低倍率であるが焦点深度が深く立体的に観察できる**実体顕微鏡**と，デバイスチップの観察に適した，高倍率の観察ができる**金属顕微鏡**とがある．光学顕微鏡を用いると，形状だけでなく色の異常も検出できる．デバイスチップ上の色や明るさの違いは，表面の微妙な材質，構造の違いや，膜厚の違いを反映しているため，異常を発見しやすい．ただし，近年のデバイスチップは微細化が進んでいるだけでなく，多層構造化も進んでいるため，光学顕微鏡だけで異常箇所が見つかることは少ない．ほかの手法で，ある程度場所を絞り込んだあと，光学顕微鏡による観察を行うと有効である．**共焦点レーザ走査顕微鏡**を用いると，金

属顕微鏡より高空間分解能の観察ができるが，$0.2\,\mu m$程度が限度である．より高空間分解能の観察をするには**走査電子顕微鏡（SEM）**，さらに高空間分解能が必要な場合には**透過電子顕微鏡（TEM）**や**走査型透過電子顕微鏡（STEM）**といった電子顕微鏡を用いる必要がある．なお，電子顕微鏡を用いた場合には色情報を得ることはできない．また，電子顕微鏡で観察するためにはサンプルを真空中に入れる必要がある．TEMやSTEMで観察する場合には，サンプルを薄くする必要もあるため，観察用試料の作製に時間がかかる．これらの手間と破壊性の程度と必要性のトレードオフで，どこまでの形態観察を行うかを決める必要がある．

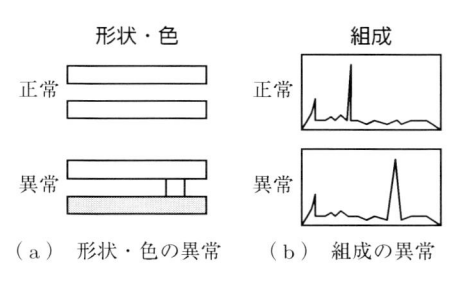

図 4.5 故障解析の際，デバイス内部で起こっている異常現象③

・**組成の異常** 組成分析による異常箇所の解析である．図4.5（b）にスペクトルを模式的に示したような異常物質が生成されたり付着したりすることで，故障が起こることは多い．電子，イオン，光を照射すると，物質表面や内部の電子，原子，分子との間で各種の相互作用を起こし，その結果，出てくる電子，イオン，光，X線を検出することで，組成がわかる．**EDX**，**EELS**，オージェ電子分光法（**AES**），**SIMS**，顕微**FTIR**（Fourier Transform InfraRed Spectroscopy，フーリエ変換赤外分光法）など，多くの方法が実用化されている．詳細はあとの対応する項（4.5.3項（3），（4））を参照のこと．

・**金属薄膜の微細構造異常** 図4.6（a）に示すような，金属薄膜の微細構造の違いをみることで異常を検出する方法である．ここでいう微細構造とは，多結晶薄膜における個々の結晶粒の大きさや結晶方位の分布構造のことである．電子ビームやイオンビームを入射した際に，個々の結晶粒内の結晶とビームとの相互作用の結果，出てくる電子に含まれる情報を解析することで，このような微細構造が観測できる．TEMでの暗視野像や電子線回折，FIBでの**SIM**像，SEMでの**EBSD**（後方散乱電子回折）法が実用化されている方法である．詳細はあとの対応する項（4.5.2項（7），4.5.3項（1），（2））を参照のこと．

・**異常な電子・正孔対起因電流の発生** 図4.6（b）に示すように，レーザビーム照

射によりシリコン中で発生した**電子・正孔対**は，電界があると一部再結合せずに電流として流れる．このような電流は **OBIC**（Optical Beam Induced Current）とよばれ，OBIC を観測することにより，シリコン中や酸化膜中の電界異常が検出でき，これを OBIC 法とよぶ．また，ショート欠陥や断線欠陥により OBIC の流れが変化するため，欠陥箇所の絞り込みにも使える．詳細は 4.5.2 項（8）を参照．

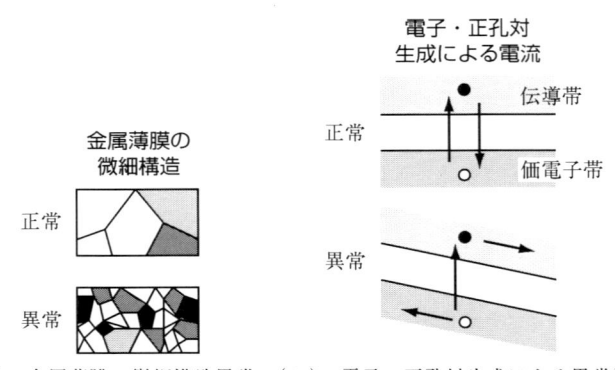

（a）金属薄膜の微細構造異常　（b）電子・正孔対生成による異常電流

図 4.6　故障解析の際，デバイス内部で起こっている異常現象④

・**熱伝導の異常**　図 4.7（a）に示すように，デバイスチップ上の配線をレーザビームで加熱した際に，ボイドなどの熱伝導阻害物があると，ほかの箇所と温度上昇の程度が異なる．このような現象を利用して，配線中のボイドや析出物が，サブ μm の位置精度で検出できる．このような方法を **OBIRCH** 法とよんでおり，最初は，OBIC 装置の感度を上げることで実用化された．当初は可視レーザを光源とした OBIC 装置を用いていたため，製品としてのデバイスに適用しようとすると OBIC 信号が発生し，それが OBIRCH 信号に対するノイズとなり，製品としてのデバイスには適用できなかった．このため，配線のみから構成される TEG に対してのみ用いられてい

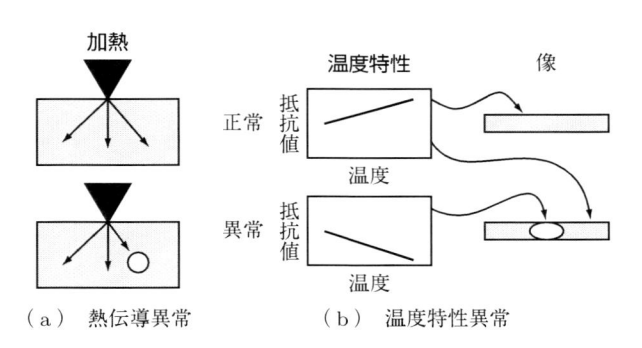

（a）熱伝導異常　　（b）温度特性異常

図 4.7　故障解析の際，デバイス内部で起こっている異常現象⑤

た.その後,近赤外レーザを加熱レーザとして用いた装置がIR-OBIRCH装置として実用化された.近赤外レーザを用いる利点は,前述のOBICノイズがないことと,Siを透過するためチップ裏面からの観測が可能なことである.

・**温度特性の異常** 図4.7(b)に示すように,デバイスチップ上の配線をレーザビームで加熱した際に,通常とは温度特性の異なる物質があると,抵抗変化のようすが異なるため,検出できる.とくに,半導体デバイスでよく用いられているW,Ti,Ta,Moといった遷移金属の一般的性質が欠陥検出に有効にはたらく.遷移金属を含む合金の抵抗が高い場合には,抵抗値の温度依存性が通常の金属と符号が逆になるため,像のコントラストが白黒逆になり,検出が容易となる.正常なデバイスでは,このような高抵抗の合金を電流経路には使用しないため,高抵抗異常箇所の検出が,サブμmの精度で可能である.このようなしくみで異常箇所が検出できる装置は,前述のIR-OBIRCH装置として実用化されている.図4.7(a)の場合と同様,配線のみで構成されるTEGを解析の対象とする場合には,可視レーザを用いたOBIRCH装置あるいはOBIC装置も利用できる.

・**熱起電力の異常** 欠陥の存在により熱起電力電流が外部に現われる現象を利用した方法である.図4.8(a)に示すように,正常な配線では,熱起電力電流は外部に現れないため,像にもコントラストは現れない.ボイドや高抵抗欠陥があると,欠陥の両側で熱起電力電流が逆の流れとして外部に現れるため,白黒の対のコントラスト像として見えることが多い.この現象により欠陥を見つけるための装置は,前述のIR-OBIRCH装置である.まえの二つの現象とは異なり,抵抗の変化をみるのではないため,バイアスを印加する必要がない.このため,製品としてのデバイスを対象とした場合でも,OBIC信号のノイズ発生が少なく,可視レーザを用いたOBIRCH装置あるいはOBIC装置を利用できる場合もある.デバイスにバイアスをかけない状態でコントラストが見えることからNB-OBIC(Non-Bias OBIC,ノンバイアスOBIC)ともよばれる.詳細は4.5.2項(3)と4.5.2項(8)を参照のこと.

・**異常ショットキー障壁** 半導体と金属の間にできるショットキー障壁の特性を調べるためにも用いられている方法である.1.3μmの波長のレーザは,Siを透過する

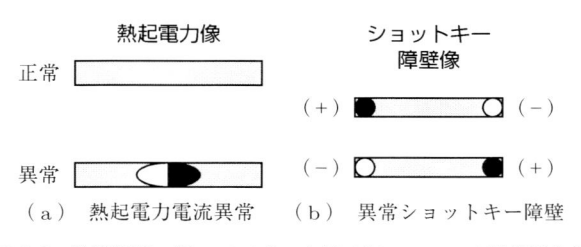

図4.8 故障解析の際,デバイス内部で起こっている異常現象[6]

が，ショットキー障壁よりはエネルギーが高いため，ショットキー障壁がつくる電界により電流が流れることを利用している．デバイスチップの裏面から，ショトキー障壁が形成されている箇所にこの赤外レーザを照射すると，発生したキャリアがショットキー障壁を乗り越えて，そこに形成されている内部電界により半導体側に流れ込む．

この現象により流れる電流は，つねにキャリア（n型半導体の場合は電子）が半導体側に流れる向きであるため，図4.8（b）に示すように，電極の極性を変えると，明暗のコントラストが逆転する．この方法が利用できる装置は，前述のIR-OBIRCH装置である．ショットキー障壁の不均一や，異常コンタクトや，ショートにより形成されたショットキー障壁が，コントラスト異常として観測される．また，多結晶シリコン配線とアルミ配線の接合部では，正常なデバイスでもこのコントラストが見える場合があるため，リーク電流経路が際立ってみえる．詳細は4.5.2項（3）を参照のこと．

・**弾性的性質の異常**　図4.9（a）に示すような面状の明確なコントラストの違いが，超音波の反射を測定すると得られる．超音波が反射する際，固体と気体の界面では位相が反転する．これがこのような明瞭なコントラストが得られる理由である．詳細は4.4.1項を参照のこと．

・**異物の衝突**　図4.9（b）に示すのは，空洞のあるパッケージ中の異物の有無である．パッケージを振動させると，内部に異物がある場合は，異物が内壁と衝突して超音波を発生する．この超音波を検出することで，パッケージ内部に異物が存在することが非破壊でわかる．この方法は，PIND（Particle Inpact Noise Detection，粒子衝突雑音検出）法とよばれている．導電性異物の存在でショートやリークが起こった場合に，PIND法で異物の存在を非破壊で知ることができる．

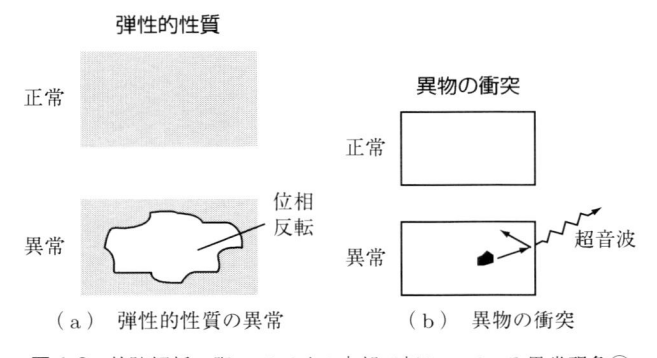

図4.9　故障解析の際，デバイス内部で起こっている異常現象⑦

4.2.2 機能面からの分類

前項では，故障解析手法をしくみ面から分類して概観した．ここでは，故障解析手法を機能面から分類する．機能は，電気的評価，特異現象観察，形態観察，加工，組成分析に分けられる．順に，前節のしくみ面からの分類と関連づけながら説明していく．

（1） 電気的評価方法

まずはじめに，電気的評価方法を表 4.2 にまとめて示す．

表 4.2 故障解析に用いる電気的特性評価方法一覧

観測	装置または手法	観測できるもの	しくみ面からの分類		
			入 力	異常と認識される現象	出 力
チップ外	カーブトレーサ	電流・電圧特性	電気信号	電位・電流値	電気信号
	LSI テスタ	広範な電気的特性	電気信号	電位・電流値	電気信号
チップ内	ナノプロービング法	微細個所の電流・電圧特性	電気信号	電位・電流値	電気信号
	走査電子顕微鏡	電位コントラスト像	電気信号 電子ビーム	電 位	2 次電子
		RCI（EBAC）像	電子ビーム	抵抗分布	吸収電流
	集束イオンビーム装置	電位コントラスト像	電気信号 イオンビーム	電 位	2 次電子
	電子ビームテスタ	電位コントラスト像 電位波形 動的な観測も可能	電気信号 電子ビーム	電 位	2 次電子
	OBIRCH 法	DC 的電流像	電気信号 レーザビーム	電流経路	電気信号

チップ外部からの観測，すなわち，ボンディングパッドやパッケージの端子を通しての電気的評価には，**カーブトレーサ**や **LSI テスタ**が用いられる．カーブトレーサは，電流電圧特性を 2 端子あるいは 3 端子，場合によっては 4 端子以上で計測できる装置である．端子の切り替えが容易な切り替え治具を利用することで，多くの端子をもつデバイスの端子間特性を切り替えながら計測できる．単純な DC 的電気的特性を計測するだけでなく，多くの種類の電気的測定が可能な装置が LSI テスタである．LSI テスタは，メモリデバイス用とロジックデバイス用とに大別できる．また，量産，開発，評価などでは，それぞれ電気的特性に対する要求が異なる．このため，LSI テスタには多くのバリエーションがあり，評価専用に機能を限定したものもある．

つぎに，デバイスチップ内の電気的特性を計測したいときはどうするか．最も単純な方法は，チップ上の電極の 2 箇所にタングステン W などでできた機械的探針を接

触させ，その針のほかの端をカーブトレーサに接続することである．しかし，このような方法は，TEG において探針用の電極を作製してある場合を除いては容易ではない．その理由は，

① 通常の配線の上には絶縁膜があり，探針の先を傷めずにそれを突き破るのは容易ではないこと，
② 配線の幅が 100 nm より細いものも珍しくなく，探針を正確に接触させるのは容易ではないこと，
③ 多層配線が普通に使われており，探針を最上層以外の配線に接触させるのは容易ではないこと，

などである．

微細箇所へ正確に探針を接触させる方法は，**ナノプロービング**とよばれる．この方法は，大きく 2 種類に分類できる．一つは，先端が 100 nm 以下の W 針を SEM 内で操作することで，微細箇所への電気的接触を行う方法である．ほかは，AFM（原子間力顕微鏡）のように導電性のプローブをもつ SPM（走査プローブ顕微鏡）を用いて，微細箇所への電気的接触を行う方法である．どちらの方法も，電気的接触を得るためには，接触させたい配線や電極の上部を研磨などにより除去する必要がある．

電子ビームを配線に照射したときに発生する 2 次電子を利用すると，一定範囲の電気的異常が容易に観測できる．まず，最も簡単な電気的異常である，断線，ショートに関しては，形態観察に利用している **SEM** を用いても観測できる．2 次電子が検出器に到達する量は，2 次電子の発生箇所と検出器の間の電場分布により決まり，配線の電位がこれに影響する．2 次電子は負の電荷をもっているため，電位が低い配線からのほうが高い配線からよりも多く検出器に到達する．このような電位に依存したコントラストを電位コントラストまたはボルテージコントラストという．

また，チャージアップ（帯電あるいは電荷の蓄積）とよばれる現象も，2 次電子が検出器に到達する量に影響する．チャージアップとは，ある場所に入ってくる電子と出ていく電子の過不足に起因して起こる帯電現象である．この場合，入ってくる電子は照射電子ビームで，出ていく電子は 2 次電子，反射電子，オージェ電子（4.5.3 項（4）参照）などである．グランドに低インピーダンスで接続されている箇所に電子ビームが照射された場合には，過不足分はすぐにグランドとの電流のやりとり（吸収電流ともよばれる）で解消されるため，チャージアップは起こらない．表面に導電性の膜があるなどの理由で，表面を通してグランドと電荷のやりとりがある場合も，同様にチャージアップは起こらない．ところが，グランドとの接続が高インピーダンスの場合や接続されていない場合には，チャージアップが起こる．

以上の理由から，グランドを所定の箇所にとったあと，SEM 像をとるだけで，断

線，ショートが配線のコントラストの違いとしてみえることがわかる．

吸収電流そのものを像としてみる方法は，ショートや断線などに起因する抵抗分布の異常がみえるため，**RCI**（Resistive Contrast Imaging, 抵抗性コントラスト像）とよばれている．また，吸収電流を利用するため，**EBAC**（Electron Beam Absorbed Current, 電子ビーム吸収電流）法ともよばれている．単独で用いるより，ナノプロービングと組み合わせることにより，電気的異常箇所の検出が容易になる．

FIB での **SIM** 像のコントラストでも，SEM を利用する場合と同じ理由により，断線，ショートの検出ができる．SIM 像のほうが有利な点もある．FIB の金属膜堆積機能やミリング機能を用いることで，チャージアップの制御が容易に行えるからである．たとえば，グランドがうまくとれずに視野全体がチャージアップでコントラストがなくなったり，真っ白になったりといったことが起こった場合，SEM では，サンプルを一度，真空チャンバーから取り出して処置する以外に方法がない場合が多い．しかし，FIB では，基板まで貫通する小さな孔を開けたり（きわめて短時間で可能），視野の範囲にうっすらと導電性の膜をつけたりすることなどで，チャージアップを解消することは容易である．

SEM で電位コントラストを観測する方法を発展させたものが，**EB テスタ**である．EB テスタを用いれば，**ストロボ法**とよばれる，デバイスの動作と同期させたパルス電子ビームを用いる方法により，時間的に高速に変化する電位の観測もできる．また，電位コントラスト像だけでなく，ある観測点の電位波形も観測できる．詳細はEB テスタの項（4.5.2 項（5））を参照のこと．

表 4.2 の最後にあげたのは，DC 的電流経路を像として表示する **OBIRCH 法**である．OBIRCH 像で電流経路がみえる理由は，電流が流れている配線をレーザビームで加熱したときは，配線の抵抗変化により電流値が変化してモニター電流の変化が起こるが，電流が流れていない配線をレーザ加熱してもモニター電流の変化は起こらないためである．詳細は OBIRCH 装置の項（4.5.2 項（3））を参照のこと．

（2） 特異現象観察法

つぎは，故障特有の現象を利用する解析法である．LSI 故障解析特有の装置や手法が最も多く登場する．表 4.3 にそれらをまとめて示した．ここでの記述は，4.2.1 項（しくみ面からの分類）での記述と重複する点が多いので，既出の装置や手法はかなり省略して述べる．詳細は 4.2.1 項あるいはそれぞれの装置または手法の項も参照されたい．

まず，発光を利用する方法である．ごく微弱な発光を観察するためには，PEM が利用される．静的な観測だけでなく，動的な観測も可能である．

表4.3 故障特有の現象を利用する解析方法の一覧

利用する特異現象	装置または手法	観測できるもの	しくみ面からの分類		
			入力	異常と認識される現象	出力
発光	PEM	酸化膜破壊，トランジスタのオン状態など	電気信号	発光	紫外／可視／赤外光
発熱	液晶塗布法	ショートなど	液晶塗布後電気信号／可視偏光	発熱	可視偏光
	霜付け法	ショートなど	結露後電気信号／可視光	発熱	可視光
	赤外熱顕微鏡	ショートなど	電気信号	発熱	赤外光
光電流（OBIC）	OBIC装置	酸化膜破壊，配線の断線・短絡など	（電気信号）／レーザビーム	電界異常	電気信号
熱伝導異常	IR-OBIRCH装置 OBIC装置	ボイド，析出物など	電気信号／レーザビーム	熱伝導	電気信号
温度特性異常	IR-OBIRCH装置 OBIC装置	異常高抵抗部，ショートなど	電気信号／レーザビーム	抵抗値の温度特性 素子・回路の温度特性	電気信号
熱起電力電流	IR-OBIRCH装置 OBIC装置	ボイド・Si析出，異常高抵抗部など	（電気信号）／レーザビーム	相反する向きに流れる熱起電力電流	電気信号
ショットキー障壁での内部光電効果	IR-OBIRCH装置	意図せずできたショットキー障壁など	（電気信号）／レーザビーム	ショットキー障壁での内部光電効果	電気信号
異物衝突による超音波発生	PIND	空洞パッケージ内浮遊異物	振動	異物のパッケージ内壁への衝突	超音波

つぎに，発熱を利用する方法がある．発熱を利用する方法のなかで，以前，最も利用されていたのが，**液晶塗布法**である．そのほか，チップ上に空気中の水蒸気を凝結させ，発熱部から霜が溶け出すのを観察する**霜付け法**などもある．異常発熱箇所を検出するだけでなく，チップ上の温度分布も観測できる装置として，熱放射（プランク放射）を観察する**赤外熱顕微鏡**がある．また，赤外熱顕微鏡法の発展系として最近実用化された，**ロックイン利用発熱解析法**を用いれば，パッケージレベルでの内部に埋もれた発熱箇所の高空間分解能での解析も可能である．

つぎは，レーザビーム照射により発生する，電子・正孔対生成に起因する電流を利用する方法で，**OBIC**法とよばれている．酸化膜破壊箇所や空乏層の広がり異常箇所といった，電界に異常がある箇所の検出に利用されている．配線系の断線や短絡によ

り，OBIC電流の経路が変化するので，これらの欠陥箇所の絞り込みにも利用できる．

つぎにあげる三つの方法は，いずれもレーザビームで加熱した際に起こる現象を利用したもので，IR-OBIRCH装置やOBIC装置を用いることで，これらの現象が観測できる．

レーザ加熱を利用する方法の最初は，**熱伝導異常**を観測するもので，ボイドや析出物があるとコントラストがみられる．

レーザ加熱利用の二つ目の方法は，**温度特性異常**を観測するもので，W，Tiなどの遷移金属の合金が高抵抗の原因である場合は，これらの合金の抵抗値の温度特性がAl，Cuなどの通常の金属と符号が逆であるため，明暗のコントラストが逆転して，際立って観測されることを利用する．

レーザ加熱利用の三つ目の方法は，**熱起電力電流**を観測するものである．もともと半導体も金属も熱電能をもっており，温度勾配があると熱起電力を発生する．レーザビーム加熱により発生する熱起電力は，正常な配線部ではレーザ照射箇所の両側で互いに打ち消しあって観測されることはないが，ボイドや異物があると，打ち消しあいの不均衡が起こり，欠陥の両端で相反する熱起電力電流が観測される．像としては白と黒のペアのコントラストとして際立って観測される．

つぎは，金属と半導体の接続部に存在する，ショットキー障壁で起こる**内部光電効果**を利用する方法である．ショットキー障壁の不均一な箇所や，ショートによりできた異常ショットキーの箇所が検出できる．この現象は，上記の加熱現象同様，IR-OBIRCH装置で観測できる．

以上は，チップ上での特異現象を利用した方法であったが，最後にあげるのは，パッケージに関するものであり，**PIND法**とよばれている．この方法を使うと，なかに空洞がある気密封止パッケージ内の異物の有無が検査できる．パッケージを振動させると，異物がパッケージの内壁に衝突し，その際に超音波を発生する．この超音波を検出することで異物の有無が判断できる．導電性異物の存在により起こったショートやリークの原因の絞り込みに利用できる．

(3) 形態観察法

機能面からみた分類の三つ目は，形状や色などの形態を観察する方法である．形態の観察に用いるのは**光学顕微鏡**だけでなく，**電子顕微鏡**，**イオン顕微鏡**，**超音波顕微鏡**，それに必ずしも顕微鏡とはよばれていないが，μmオーダーの空間分解能のある**X線透視法**，**X線CT法**など多様である．表4.4に一覧を示す．

まずはじめは，可視光を用いた顕微鏡である．最も低倍率での観察に適したのが実体顕微鏡で，100倍程度まではこれを用いる．つぎに，1000倍程度までの観察には

第4章 故障解析

表4.4 故障解析に用いる形態観察手法の一覧

観察	装置または手法	主な観察箇所	しくみ面からの分類		
			入力	異常と認識される現象	出力
可視光	実体顕微鏡	パッケージ外観	可視光	形状/色	可視光
	金属顕微鏡	デバイスチップ（表面側から）	可視光	形状/色	可視光
	共焦点レーザ走査顕微鏡	デバイスチップ（表面側から）	可視レーザ	形状/色	可視光
赤外光	赤外顕微鏡	デバイスチップ（裏面側から）	赤外光	形状	赤外光
	共焦点赤外レーザ走査顕微鏡	デバイスチップ（裏面側から）	赤外レーザ	形状	赤外光
電子	走査電子顕微鏡（SEM）	デバイスチップ/パッケージ	電子ビーム	形状	2次電子/反射電子
	（走査型）透過電子顕微鏡（(S)TEM）	デバイスチップ	電子ビーム	形状/微細構造	透過電子/散乱電子
イオン	走査イオン顕微鏡（SIM）：集束イオンビーム（FIB）装置の観察機能	デバイスチップ	イオンビーム	形状/微細構造	2次電子/2次イオン
X線	X線透視	パッケージ内部	X線	形状/X線透過能	X線
	X線CT	パッケージ内部	X線	形状/X線透過能	X線
超音波	走査超音波顕微鏡	パッケージ内部	超音波	形状/弾性	超音波
	走査レーザ超音波顕微鏡	パッケージ内部	超音波/レーザ	形状/弾性	レーザ

金属顕微鏡が適している．この二つの顕微鏡は，ともに，レンズの効果で結像することにより拡大像を得ているが，つぎにあげた共焦点レーザ走査顕微鏡では像を得るしくみが異なる．共焦点レーザ走査顕微鏡は，レーザをビーム状に細く絞り，そのレーザビームで観察領域を走査する．走査する各点からの反射光強度を走査場所に対応させて表示することで，像を得る．このような走査顕微鏡の実現は，SEMのほうが古い．SEMでの電子ビームをレーザビームに置き換え，2次電子を反射光に置き換えるとレーザ走査顕微鏡になる．「共焦点」方式とは，レーザビームが試料上で焦点を結び，そこから反射したあと，再び検出器の手前で焦点を結ぶ点（共焦点）にピンホールをおくことで，焦点がぼけた点からの光や迷光を検出器に取り込まないようにした方式である．共焦点レーザ走査顕微鏡を用いることで，金属顕微鏡よりも高い空間分解能を得ることができる．

つぎは，赤外光を使う方式である．赤外光を使う最大の利点は，Siを透過して観察ができるため，デバイスチップの裏面からの観測が可能なことである．可視光の場

合と同様，通常の赤外顕微鏡よりも，共焦点赤外レーザ走査顕微鏡のほうが高い空間分解能が得られる．共焦点赤外レーザ走査顕微鏡は，IR-OBIRCH 装置のベースとして使われている．最近では，PEM のベースとしても使われている．

つぎは，電子により観察する電子顕微鏡である．光学顕微鏡では，用いる光の波長が $0.4\,\mu m$ 以上あり，波長程度が空間分解能の限界[1]となるため，デバイスの構造や異常形態をみるには不十分な場合が多い．電子の波長は光よりはるかに短いため，高い空間分解能が得られる．通常の光学顕微鏡と同様の結像方式を用いた透過電子顕微鏡（TEM）では，$0.1\,nm$ 程度の空間分解能が得られる．透過型ではあるが，細く絞った電子ビームを走査することで像を得る透過型走査電子顕微鏡（STEM）でも，$0.1\,nm$ 程度の空間分解能が得られる．

電子ビームを走査して2次電子を輝度で表示した走査像を得る走査電子顕微鏡（SEM）でも $1\,nm$ 程度の高い空間分解能が得られる．SEM では焦点深度が深いため，表面の形態が立体的に観察できるので，チップの観察だけでなくパッケージレベルの観察にも用いられる．

また，TEM や STEM での観察のためには試料を $0.1\,\mu m$ 程度に薄くする必要があるが，透過像としての形状が観察できる．集束イオンビームで試料の薄膜化を行うことで，狙った箇所の観察が可能になる．また，TEM では形状の観察だけでなく，結晶構造や結晶欠陥の観察もできる．

つぎは，イオンによる観察である．イオンの波長も光よりはるかに短いため，高い空間分解能が得られる．ただし，イオンの場合はその質量が電子よりはるかに大きいため，透過型はなく，走査電子顕微鏡（SEM）に対応した走査イオン顕微鏡（SIM）が実現されている．イオン種としてはガリウムイオンがもっとも用いられている．SIM では細く絞ったイオンビームを走査しながら，発生する2次電子あるいは2次イオンを検出し，輝度として像表示する．空間分解能は $5\,nm$ 程度のものが実用化されている．SIM では，SEM と同様に表面形態の観察ができるだけでなく，チャネリ

---

[1] 二つの点が別々に見える最小の間隔を空間分解能という．顕微鏡の空間分解能は，対物レンズと観察点の間にできる円錐状の光の頂角（2θ）と，レンズと試料の間にある媒質（通常は空気）の屈折率 n，それに光の波長（白色光の場合は通常 $0.53\,\mu m$ が用いられる）できまる．$n\sin\theta$ の値は開口数（NA）とよばれている．空間分解能は $0.61\lambda/NA$（レイリーの定義：完全に分解）または $0.5\lambda/NA$（スパローの定義：かろうじて分解）で与えられる．レイリーの定義の場合，たとえば NA が 0.8 のレンズで通常の白色光を用いた顕微鏡で観察すると，その空間分解能は，$0.61\times0.53\,\mu m/0.8 = 0.4\,\mu m$ となる．空気中などで用いる乾燥系ではレンズの NA は 1 が最大であるが，媒質に屈折率の大きい油を用いる油浸レンズでは 1.4 が最大である．NA が 1.4 の場合は上の式より，空間分解能は $0.23\,\mu m$ となる．デバイスの故障解析において，油浸レンズは，通常は使われていない．代わりに固浸レンズが用いられる．固浸レンズを用いる際は Si 基板の裏側から観測するため，光の波長は Si を透過する $1.3\,\mu m$ がよく用いられる．媒質は Si で屈折率が 3.5 であり，スパローの定義を用いると，空間分解能は $0.5\times1.3\,\mu m/3.5 = 0.19\,\mu m$ となる．この値は実験的にも実証されている．詳細は参考文献 1.3，(6) pp.167-169 を参照されたい．

ング効果[1]による結晶方位を反映したコントラストも得られるため，多結晶の微細構造の観察もできる．また，物質の違いによるコントラストも SEM と異なるため，併用することで多くの情報が得られる．SIM は，通常，FIB 装置の機能の一つとして使われており，FIB で加工を行う際のモニター像としても不可欠のものである．

つぎの，X 線を用いた透視像も，$1\,\mu m$ 程度の最小焦点寸法のものも実用化されている．また，CT（Computed Tomography）像が得られるものもあり，パッケージ関連の非破壊内部観察に利用されている．

最後の超音波による観察は，パッケージ関連の非破壊観察に適した周波数（数 10 ～ 200 MHz 程度）の装置が最も多く使われている．超音波による観察は二通りの方法が使われている．まず，最初にあげた走査超音波顕微鏡では，超音波ビームを試料に照射し，反射した超音波の強度または位相を像表示する．一方，走査レーザ超音波顕微鏡では，超音波を裏面から加え，その結果，表面にできた微小な変位を，走査しているレーザの反射で捕らえて像にする．

（4） 加工法

機能面からの分類の四つ目は，加工法である．表 4.5 に一覧を示す．前半がパッケージ関連，後半がチップ関連の加工法である．

パッケージ関連加工法の最初は，**樹脂封止（プラスチックモールド）パッケージ**の開封法である．これは，**発煙硝酸**，**熱濃硫酸**，その混合物で樹脂を溶かす方法が基本である．樹脂の種類によっては専用の薬品を用いる．最も原始的な方法は，ビーカーで発煙硝酸を熱しておき，チップを露出させたい上部のみを残してガムテープで覆い，ビーカーに浸す方法である．また，パッケージ開封といっても，チップの表面や裏面が露出されればいいので，チップの直近までは，電動小型ヤスリなどで薄くしておき，局所的に発煙硝酸などを滴下してもよい．市販されている自動開封器では，発煙硝酸，熱濃硫酸，その混合物などを吹き付けるが，パッケージのタイプに合わせたマスクを使うことで，チップ以外の箇所に損傷を与えずチップ表面や裏面を露出する工夫がなされている．薬品で溶かすまえに，レーザで樹脂を除去する方法も用いられている．酸を直接扱うので，故障解析の手法のなかでは最も危険をともなうものの一つである．安全上の対策を十分とったうえで実行する必要がある．マニュアルで行う方法としては，はんだごてやホットプレートで樹脂の**ガラス転移温度**（200 °C 程度）

---

[1] チャネリングとは，入射粒子の方向が結晶格子の方向と一致した場合に，奥深くまで入り込む状態をさす．チャネリングが起こると表面付近での入射粒子と結晶との相互作用が少ないため，2 次電子の放出が少なくなり，像の上でのコントラストは暗くなる．入射粒子と結晶方位との関係により像にコントラストが得られるので，このようなコントラストをチャネリングコントラストとよんでいる．電子ビームでもチャネリング効果による像が得られるが，イオンビームの場合に比べて空間分解能やコントラストは悪い．

表4.5 故障解析に用いる加工方法の一覧

装置または手法	加工の種類	使用薬品材料など	利用する現象
樹脂封止パッケージ開封			
マニュアル	チップ表面／裏面の露出	発煙硝酸など	化学的分解反応
自動開封装置	チップ表面／裏面の露出	レーザ，発煙硝酸など	熱，化学的分解反応
気密封止パッケージ開封			
マニュアル	チップ表面の露出	ヤスリ，ニッパーなど	機械的研磨，変形など
自動開封装置	チップ表面の露出	グラインダーなど	機械的研磨など
チップ裏面露出・研削・研磨			
マニュアル	チップ裏面露出・研削・研磨	ヤスリ，研磨剤など	機械的研削・研磨など
研削機／研磨機	チップ裏面露出・研削・研磨	埋め込み樹脂，研磨剤など	機械的研削・研磨など
チップ上表面研磨			
マニュアル	チップ表面研磨	研磨治具，研磨剤など	機械的研磨など
研磨機	チップ表面研磨	研磨剤など	機械的研磨など
チップ上断面／平面出し			
研削機／研磨機	チップ上断面出し	研磨剤など	機械的研削・研磨など
集束イオンビーム（FIB）装置	チップ上高位置精度断面／平面出し	ガリウムイオン源など	イオンスパッタリングなど
チップ上その他加工			
反応性イオンエッチング（RIE）装置	絶縁層除去	各種反応性ガス	物理的・化学的プラズマエッチング
集束イオンビーム（FIB）装置	チップ上高位置精度部分的除去 ミリング，金属膜・絶縁膜付けによるチップ上回路修正	ガリウムイオン源 各種反応性ガス	イオンスパッタリング FIB励起CVDなど
集束レーザビーム（FLB）装置	加熱溶融，金属膜付けによるチップ上回路修正	$W(CO)_6$ $Pt(CO)_6$など	加熱溶融 レーザ励起CVD
エキシマレーザ利用加工機	SiO_2以外の絶縁膜除去	ArF (193 nm) KrF (248 nm)	非熱的な化学結合の分解（レーザアブレーション）

以上に熱しておき，脆くなったところでニッパーなどで割る方法もある．この方法は，チップ表面が酸でおかされずにすむ反面，チップを機械的に損傷する危険性が高い．

つぎの方法は，セラミックスや金属で気密封止されたパッケージ（**ハーメチックシールパッケージ**）の開封法である．最も原始的な方法は，ニッパーでこじ開けたり，ヤスリで削る方法である．封止部がガラスの場合には，サンドブラストという細かい砂を吹き付ける装置を使い，封止部のガラスを除去する方法も有効である．また，パッケージのタイプに合わせた開封装置も市販されている．

パッケージ関連の最後の方法は，チップの加工も含む方法である．最近，チップの

裏面から観察する必要のある場合が増えているが，チップ裏面が露出している実装法以外の場合には，チップの裏面側のパッケージ材を研削する必要がある．また，チップが露出したあとは，必要に応じてチップを研削したり，鏡面に仕上げるために研磨する必要がある．これらの研削や研磨には，その材質や荒さの程度に応じた研削・研磨道具や研磨材を用いる．

つぎは，チップ部のみを加工するための方法をとりあげる．

まず，最も古くから使われている方法は表面研磨である．これは，故障箇所が表面に露出していない場合に，故障箇所を露出させる最も手軽な方法である．表面から研磨と観察を繰り返していく．

つぎに，断面出し法である．これも原始的で手軽な方法として，研削と研磨による方法がある．ただし，通常，この方法でサブ μm の位置精度で断面出しを行うことはきわめて困難である．**FIB** 法を用いれば，$0.1\,\mu$m 以下の精度で断面出しを行うことができる．高精度な断面出しを確実に行いたいときには必須の方法である．

最後に，チップ上の加工法として利用されているいくつかの方法をあげる．

まず，金属配線以外の絶縁膜を除去する方法として，反応性イオンエッチング（**RIE**, Reactive Ion Etching）法がある．RIE 法はプラズマエッチングの一種で，異方性があるために金属配線下の絶縁膜が除去されず，金属配線上部および側部の絶縁膜のみの除去が可能である．

高い位置精度で絶縁層や金属膜を除去するためには，FIB 装置が必要である．また，配線の切断や接続により，電気回路を変更するためにも，FIB 装置が必要である．

FIB 装置ほどの高精度の加工はできないが，配線の切断・接続が可能な装置に，集束レーザビーム（FLB）装置がある．低抵抗の金属膜が生成できるのが特長である．

最後にあげたエキシマレーザを利用した加工機を用いれば，絶縁膜を熱的にではなく化学的に除去することができる（レーザアブレーション）．ただし，SiO_2 膜は結合エネルギーが高いため，この方法は使えない．

（5） 組成分析法

機能面から故障解析装置を分類した最後のものは，組成分析法である．

組成を分析するためには，原子内の電子軌道や分子結合とエネルギーをやりとりしたり，原子や分子を弾き出してその原子の種類を同定したりといった方法を用いる．表 4.6 に従って，順に説明する．

原子内の電子軌道とのエネルギーのやりとりには電子を用いる．電子を物質に入射すると，元素固有のスペクトルをもつ X 線と電子が出てくる．前者を**特性 X 線**，後者を**オージェ電子**とよぶ．前者を利用する方法を EPMA（電子線プローブ微小部分

表4.6 故障解析に用いる組成分析方法の一覧

装置または手法	主な機能	しくみ面からの分類		
		入力	異常と認識される対象	出力
電子ビーム入射				
EPMA（電子線プローブ微小部分析装置）	元素分析	電子ビーム		特性X線
EDX（EDS）（エネルギー分散型X線分光法）	検出限界約1％ TEMとの組合せでnmの空間分解能	電子ビーム	原子組成	エネルギーにより分光
WDX（WDS）（波長分散型X線分光法）	検出限界約0.05％ 状態分析		原子組成 化学状態	結晶による回折で分光
AES（オージェ電子分光法）	極表面の元素分析：イオンスパッタリング併用で深さ方向分析	電子ビーム	原子組成	オージェ電子
EELS（電子線エネルギー損失分光法）	元素分析，状態分析	電子ビーム	原子組成，化学状態	エネルギー損失電子
光入射				
顕微FTIR	分子同定	赤外レーザ	分子組成	赤外吸収スペクトル
イオンビーム入射				
SIMS（2次イオン質量分析装置）	極表面の元素分析を行いながらの深さ方向分析	イオンビーム	原子組成 TOF-SIMS**では化学構造	2次イオン
電界蒸発				
3D-AP（3次元アトムプローブ）	3次元的に全原子の50％以上を表示	電界，レーザ	原子分布	電界蒸発イオン

［注］＊EDXはSEMをベースにした場合は，最高空間分解能は100 nm程度だが，TEMをベースにして薄いサンプルを観測する場合は，電子ビームの広がりが少ないため，nm程度の空間分解能が得られる．
＊＊TOF-SIMS（飛行時間型質量分析法，TOF：Time Of Flight）

析法）またはXMA（X線微小部分析法）とよび，後者を利用する方法をAES（オージェ電子分光法）とよぶ．ゲルマニウムGeより軽い元素では，オージェ電子のほうが放出されやすく，それより重い元素では，特性X線のほうが放出されやすい．

EPMAにおいて，特性X線のスペクトルを分離して検出するには二通りの方法がある．エネルギー分散型X線分光法（EDXまたはEDS，Energy Dispersive X-ray Spectroscopy）と波長分散型X線分光法（WDXまたはWDS，Wavelength Dispersive X-ray Spectroscopy）がそれである．

EDXは，検出器の感度がよいため，少ない電子ビーム量で検出できる．そのため，電子ビームが細く絞れて100 nm程度の高空間分解能分析ができる．チャージ

アップしにくいといった利点がある．さらに，低コストで扱いやすいこともあり，半導体デバイスの分析には EDX のほうがよく使われる．EDX を TEM や STEM に搭載して観測する場合は，電子ビームの加速電圧が高く（100～300 kV），サンプルが 100 nm 程度と薄いため，電子ビームの試料中での広がりが少ない．そのため，横方向の空間分解能が 1 nm 程度の分析が可能である．

WDX は，分光分解能が EDX より一桁以上高いため，スペクトルのピークの重なりが少なく状態分析もできる．また，検出限界値が EDX より一桁以上低いため，微量な元素の分析もできる．

COLUMN 4：EPMA か XMA か？

EPMA と XMA は，おのおの，「電子ビームをプローブとして照射し，その結果，放出された特性 X 線を分光し解析する」という原理の二つの側面の片方だけを表現する用語になっている．EPXMA とすれば中身を表す呼称になるのだが，そうそう造語するわけにはいかない．

昔は両方使われていたのだが，現在では筆者の周囲では，EPMA といういい方しか聞かない．これは，微小部を分析するというイメージが「電子線プローブ」のほうが合っているからなのか．あるいは，EPMA は EDX タイプのものを SEM や TEM の付属として使う場合が多いので，現在のコンピュータコントロールされた装置を，ユーザーとして使っている限りは，電子線を照射しているという意識はもっても，X 線が出ているという意識はあまりもたないからなのか．EDX という用語が一人歩きし，上記のような分類の一つであるという認識すらせずに使っているユーザーもいるようであるが，ときどきは原理に戻って考えることも必要かと思う．

つぎにあげるオージェ電子分光法の最大の特徴は，ごく表面の分析ができることである．特性 X 線は，発生領域全体の X 線が真空中に出てくるため，深さ方向にも 100 nm 程度以上の広がりをもつ．一方，オージェ電子は，エネルギーが低いため，nm 程度のごく表面のオージェ電子しか真空中に出てこられない．このため，逆に nm オーダーの深さの元素分析ができる．また，Ne，Ar，Kr，Xe などのイオンビームでスパッタリングしながらオージェ分析を進めることで，深さ方向の元素分布の観測もできる．

電子ビームを入射する分析法で最後のものは，電子線エネルギー損失電子分光法，(**EELS**, Electron Energy Loss Spectroscopy，イールスとよぶ）である．TEM や STEM に搭載して，電子ビームの試料透過後のエネルギー損失を観測することで，

元素分析や化学状態分析ができる．

さて，つぎに，分子の結合との相互作用を観測するために赤外光を使う，顕微 FTIR である．空間分解能は $10\,\mu\mathrm{m}$ のオーダーであるため，チップ関連の解析にはあまり使えないが，パッケージ関連の解析で有機物などの分子の同定が必要なときには欠かせない手法である．

最後にあげる二つの方法は，イオンに関係するものである．

イオン関係で最初のものは，イオンビームでたたき出した原子，分子，クラスターを同定する方法で，SIMS（Secondary Ion Mass Spectroscopy，2次イオン質量分析法）とよばれている．ほかの元素分析法に比べて高感度である．深さ分解能もよく，1 nm から 10 nm オーダーでの分析ができる．完全な破壊解析であるということが，故障解析には欠点である．しかし，破壊しながら深さ方向の分析ができるという利点もある．

最後は，原理的には古くから知られていたが，解析法として実用化されたのは最近のもので，3D-AP（3次元アトムプローブ）法とよばれている．観測したい箇所を先端径 100 nm 程度以下の針状にし，電界をかけた状態でパルス電界を印加するか，パルスレーザを照射することで，試料先端の原子を1個ずつイオン化し，電界蒸発させる．イオンの検出器は2次元的な検出位置が検知できるものなので，原子がもともと存在した箇所を nm 以下の精度で3次元的に再構成できる．試料から検出器到達までの時間（Time Of Flight）を計測することで，イオンの種類を識別する．観測により，試料は完全に破壊されるが，観測後にコンピュータにより原子の分布を3次元に再構築して表示できる．もともと存在した原子の 50% 程度以上が検出できる（SIMS の場合はこれより一桁以上効率が悪い）．金属の解析技術としては実用化されているが，本書の対象である半導体デバイスの故障解析という観点からは，実用化まであと一歩といった技術である．

4.3 パッケージ外からの電気的評価

この節では，電気的評価法のうちで代表的な，**LSI テスタ**での評価と**カーブトレーサ**での評価について概観する．

LSI テスタ（LSI tester, ATE, Automatic Test Equipment）で測定し，報告されている機能不良が再現するかどうかを評価するのが最初の段階である．すぐに再現しない場合は，対象の動作不良が周波数や電圧や温度に対する動作マージンが少ないこともあるので，動作周波数や電源電圧を変化させたり，デバイスの温度を変化させたりすることも必要である．2次元平面で電源電圧を縦軸にとり，動作周波数（周期）

を横軸にとり，正常動作する領域と異常動作する領域をマッピングしたものはシュムープロット（shmooplot）とよばれており，動作マージンが少ない故障の解析の際によく使われる．

物理的故障現象自体が応力緩和などにより変化してしまった場合には，信頼性試験で用いる手段により，故障現象を再現させることも必要になってくる．

故障が入出力や電源 GND 間の DC 的特性で観測できる場合には，カーブトレーサで電流電圧特性を評価する．カーブトレーサは，チップ上のナノプロービングにおいて，局所的な DC 特性を観測する際にも用いられる．

LSI テスタやカーブトレーサは，非常に多くのバリエーションがあり，機器により扱いも大きく異なるので，詳細はそれぞれの機器の説明書を参照されたい．

4.4 パッケージ部の故障解析

パッケージに関連した故障解析手法には，以下のようなものがある．
① **実体顕微鏡法** 同じ光学顕微鏡である金属顕微鏡に比べると，低倍率であるが焦点深度の深い観察ができる．
② **X 線透視法** いわゆるレントゲン写真である．実時間観察もできる．
③ **X 線 CT 法** 3 次元的情報が得られるため，透視法では見逃しがちな異常も検出できる．
④ **超音波反射像法** 超音波顕微鏡法，超音波探傷法，または超音波探査映像法ともよばれている．水に浸さなければならないのが難点ではあるが，X 線透視法とは異なったコントラストの像が得られる．
⑤ **断面研磨法** 破壊解析ではあるが，確実にパッケージ部に故障原因があるとわかったときには有効である．
⑥ **パッケージ開封法** 確実にパッケージ部に故障原因がないとわかったときに実行する．

チップの解析手法とも共通のものとしては，つぎのものがある．
⑦ **SEM 法，EDX 法** 形状を拡大してみたいときに SEM 法を用いる．EDX 付きの SEM を用いれば，そのまま元素分析もできる．
⑧ **赤外顕微鏡法** 可視光ではみえない異常が見える．Si チップの裏面からの観察も可能である．ロックインアンプ法と組み合わせたロックイン利用発熱解析法は，最近，実用化された．
⑨ **顕微 FTIR 法** 分子の同定が可能である．
⑩ **カーブトレーサ法** 端子間の電流・電圧特性などを測定する．

これらのうち，超音波顕微鏡法，X線透視法/X線CT法，ロックイン利用発熱解析法について，以下に少し詳しく述べる．

4.4.1 超音波顕微鏡

非破壊で内部まで調べるという意味では，X線透視法やX線CT法と同じであるが，X線を用いる方法と比べてボイドや剥離部でのコントラストがつきやすい（位相差を利用）という特徴があるために，**面実装パッケージ**の**ポップコーン現象**[1]が表面化するとともに，必要不可欠な検査手法となった．短所としては，X線を用いる方法では不要な，水に浸さなければいけないという点がある．

水に浸す理由は，超音波の減衰が少ないという点で水が最適な媒質だからである．空間分解能は使用している超音波の周波数に依存する．周波数が高いほど空間分解能が高くなるが，観察対象物中での減衰も激しいため，空間分解能と減衰との兼ね合いから，目的に応じて周波数が選ばれる．たとえば，周波数が 1 GHz での空間分解能は水中で $1\,\mu m$ あるが，進入深さが $20\,\mu m$，100 MHz では空間分解能は $10\,\mu m$，進入深さが 2 mm，30 MHz では空間分解能は $35\,\mu m$ しかないが，進入深さが 15 mm もある．この値は物質によって異なる．パッケージに用いる樹脂での実測値としては，たとえば，20 MHz で 1.6 mm 内部を観測したときの空間分解能として $400\,\mu m$ である[1]．

4.4.2 X線透視/X線CT

電気的故障モードが端子間リーク・ショートの場合には，パッケージ部での故障かチップ部での故障かの識別がまず必要になる．そのような場合には，開封するまえに，X線透視などによる確認が必要である．

この方法だとワイヤボンディングの異常形態，チップクラック，樹脂クラックなどが簡単に実時間で観察できる．最小焦点寸法が $1\,\mu m$ 程度のものが実用化されている．また，CT による断層撮影の可能な装置も実用化されている（6.8 節参照）．アスペクト比（縦横比）が高いサンプルの X 線 CT が容易に観測可能な装置も実用化されている[1]．

非破壊で内部を観測するという意味では，超音波顕微鏡法と同じであるが，水に浸さずに実時間で観測が可能であるのが X 線透視法の長所である．一方，超音波顕微鏡法に比べてボイドや剥離部でのコントラストがつきにくいという欠点もある．それ

---

1) 面実装時に急激な温度上昇にさらされることにより，パッケージ材に浸入していた水分が急激に気化し膨張することで，パッケージにクラックなどが発生する現象．

それの特徴を生かした両者の使い分けが必要である．

4.4.3 ロックイン利用発熱解析法

赤外光を利用した発熱解析法は古くから使われていたが，最近実用化された，ロックイン法を利用した発熱解析法を用いると，従来の方法より高分解能の観測が可能である．さらに，深さ方向の位置の解析も可能である．図4.10に，ロックイン法を利用することで空間分解能が大幅に向上した事例を示す．図（a）がロックイン法を用いずに赤外光を検出し画像化したもので，同図（b）がロックイン法を利用して空間分解能が大幅に向上した画像である．原理や事例の詳細は参考文献（1）を参照されたい．

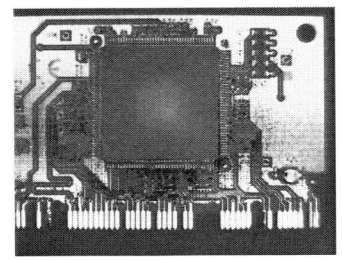

　　　　（a）従来法　　　　　　　（b）ロックイン法利用

図4.10　ロックイン利用発熱解析法による空間分解能向上事例図
Ⓒ LSIテスティング学会 2011，清宮直樹，田村　敦，一宮尚至，長友俊信，戸田　徹，松下大作，渡辺拓平，小泉和人，「発熱解析技術と高分解能X線CTのコンビネーションによる完全非破壊解析ソリューションのご紹介」，第31回LSIテスティングシンポジウム会議録，p. 201, Fig. 7, 8（2011）

4.5　チップ部の故障解析

　この節では，故障解析のなかでも最も難しいチップ部の故障解析手法の詳細を，ほぼ解析の手順に沿って説明する．

4.5.1　パッケージ開封（開けてみないとわからない）

　パッケージ部の不良でないことが明確になった時点で，チップを露出するためにパッケージを開封する．チップ表面からの観察が困難なことが予想される場合には，最初からチップ裏面を露出させる．
　図4.11に示すように，チップ部の故障解析の手順は大きく二つのステップに分けられる．

4.5 チップ部の故障解析

第1段階 非破壊的（部分的には破壊的）な故障箇所の絞り込み，
第2段階 絞り込んだ箇所において，故障の原因となった欠陥を解析するための物理化学的な解析，

である．

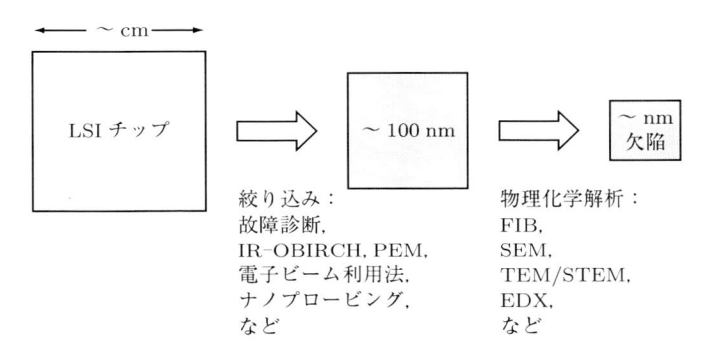

```
┌─── ~ cm ───┐
│            │
│  LSIチップ  │  ⇒  [~100 nm]  ⇒  [~nm 欠陥]
│            │
└────────────┘
              絞り込み：         物理化学解析：
              故障診断，          FIB，
              IR-OBIRCH, PEM,    SEM,
              電子ビーム利用法，   TEM/STEM,
              ナノプロービング，   EDX,
              など               など
```

図4.11 LSIチップの故障解析手順概要

ここでいう絞り込みとは，1 cm角程度のLSIチップ上で故障箇所を，非破壊（部分的には破壊）で100 nm角程度以下の領域まで絞り込むことである．これは，面積の比率だけで換算すると，地球全体から6 m角程度の領域を探すことに相当する．絞り込みのまえに，まず，LSIテスタで電気的に機能をテストし，故障が再現するかを確認する．通常のテストで故障が再現しない場合は，高温や低温の環境でテストしたり，電源電圧や周波数を上下させてテストする（マージンテスト）．

これら一連の再現性試験でも故障が再現されない場合には，テスタビリティ（テストカバレージ）不足（テストで故障箇所を活性化できないか，活性化できても観測できない）の場合と，故障が物理的に回復した場合とが考えられる．テスタビリティ不足の場合には，テスタビリティが高い他のテスト（I_{DDQ}テストや実機をシミュレートしたテスト）を実施する．故障が物理的に回復した可能性がある場合には，高温バイアス試験や温度サイクル試験を行って故障を物理的に再現させる必要がある．

故障が再現したならば，第1段階の絞り込みに入る．図4.12（a）に第1段階で用いる主なものをまとめて示す．左から順に概説するが，解析手順は必ずしもこの順番ではない．

PEMは異常発光箇所を検出するのに用いる．異常発熱箇所はPEMでも赤外域に感度がよいものや，**赤外熱顕微鏡**を用いて検出する．以前は発熱箇所検出に液晶塗布法もよく用いられたが，配線の多層化により使用頻度は落ちている．**OBIRCH**法では，レーザビームで加熱することで異常電流経路が可視化でき，配線系の欠陥の検出もできる．

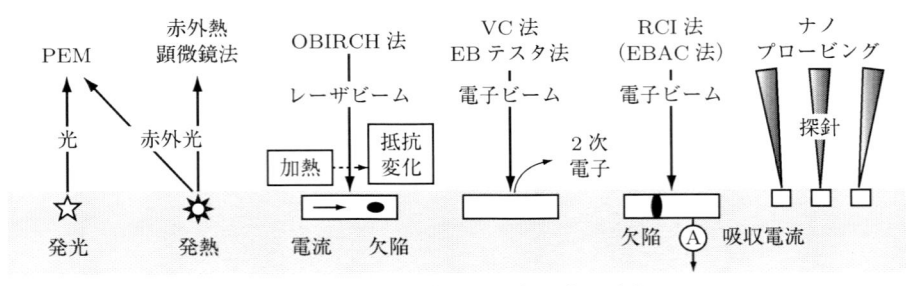

(a) 第1段階（絞り込み）の主な手法

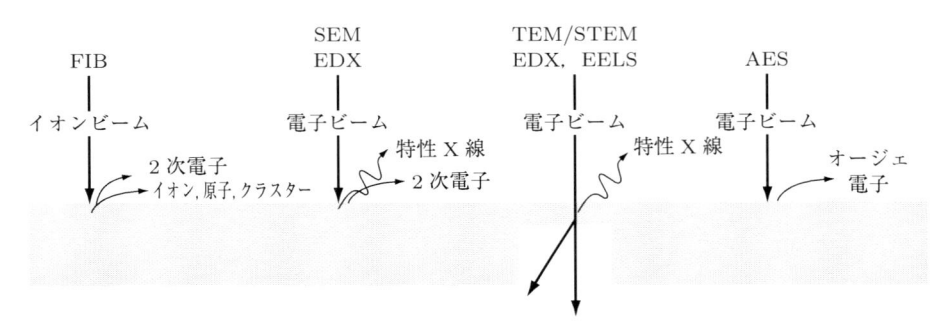

(b) 第2段階（物理化学解析）の主な手法

図4.12　LSIチップの故障解析に用いる主な手法

　以上の方法を用いると，通常，完全に非破壊で故障箇所を絞り込むことができる．ただし，絞り込める範囲はサブμm程度までの領域である．さらに故障箇所を100 nm程度以下まで絞り込むには，配線系の一部を破壊しながら行う以下の方法が用いられる．

　電子ビームを用いる方法には，2次電子を用いる方法と吸収電流を用いる方法とがある．

　電子ビームを照射した結果発生する2次電子は，発生箇所の電位により検出器に到達する量に差がでるため，配線の電位観測に利用できる．SEM像としてみるとコントラストがつくため，**VC**（Voltage Contrast）法とよばれる．この性質を電位計測に特化したのが**EBテスタ**で，電位分布像だけでなく，電位波形も観測できる．電位の異常をさかのぼることにより，故障発生箇所を絞り込むことができる．

　電子ビームを照射すると，その一部は電流として接地部や金属探針部に流れる．電流を検出する位置，断線や高抵抗などの欠陥の位置，電子ビームを照射する位置，これら三つの位置関係により，検出電流値が変化することを利用し，吸収電流を像表示することで，欠陥の位置が可視化できる．この方法は**EBAC**法あるいは**RCI**法とよばれている．

導電性の探針を用いることで，100 nm 以下の微小部の電気的特性を計測する方法は，**ナノプロービング**とよばれている．SEM 中で W 針を操作して探針する方法と，導電性のプローブを用いた走査プローブ顕微鏡（SPM, Scanning Probe Microscope）を用いる方法とがある．この方法を用いると，トランジスタ 1 個だけの特性を観測することもできる．また，上記 EBAC/RCI 法との組合せで，効率的な観測もできる．

ここには示していないが，故障箇所の絞り込みには，電気的計測結果と設計情報のみで故障箇所を絞り込む，**故障診断**とよばれる方法も用いられる．以上が大まかにみた故障箇所絞り込みの手法である．

第 2 段階の物理化学的解析では，絞り込まれた領域を破壊して解析する．図 4.12（b）に，第 2 段階の主なものをまとめて示す．解析の内容は，形状，組成，結晶構造などである．解析するためには電子ビームまたはイオンビームを，観測したい箇所に照射する．照射箇所から出てくるイオン，電子，X 線などを検知して解析することで，形状，組成，結晶構造などの異常がわかる．ここでは，解析の実際の手順に沿って，簡単に説明する．

表面からだけでは，これらの解析はできない場合が多いので，解析したい箇所の横に穴を掘ったり，解析したい箇所を切り出したりすることで，解析したい箇所の断面や平面を出し，観察することが多い．このような加工で威力を発揮するのが **FIB** 法である．FIB 法では，ガリウム（Ga）イオンビームを巧みに使い観察や加工を行うことで，第 1 段階の絞り込みと第 2 段階の物理解析への橋渡しとなる各種前処理を行う．さらには，物理解析自体をも行うことができる．

さて，その FIB 法を使って，観察前の処理が終わったならば，各種の方法で観察する．観察法によってそのしくみが異なるので，何を見るか，あるいは，どこまで微細なところが見えるか（空間分解能）が異なる．FIB 法そのものも，**SIM** としての機能をもっており，観察の手法として使える．SIM より少し空間分解能のよい **SEM**，さらには，格段に空間分解能のよい **TEM** や **STEM** は，形状や結晶性の解析に用いられる．

組成の解析を行う手法としては，電子線プローブ特性 X 線解析法[1]のなかでも特性 X 線のスペクトルをエネルギーにより解析する **EDX** 法がある．EDX 法は，SEM をベースとしても TEM，STEM をベースとしても用いられる．**EELS** は TEM，

---

[1] これは内容を的確に表現するようにと筆者が考えた造語である．一般に使われている専門用語としては EPMA（電子線プローブマイクロアナリシス），または，最近用語としてはあまり使われなくなったが，XMA（X 線マイクロアナリシス）が使われる．

STEM をベースに用いられ，元素分析だけでなく化学状態分析も可能である．故障解析の流れのなかでは使われることは少ないが，再現実験などでは，AES，SIMS（図示していない）がごく浅い表面の分析に使われる．

結晶構造を解析する必要があるときには，前述の TEM と FIB が用いられる．故障解析の流れのなかでは使われることは少ないが，再現実験などでは，SEM をベースにした反射電子を利用する後方散乱電子回折法（EBSD, Electron Back Scattering Diffraction Patterns）（図示していない）も結晶構造の解析に用いられる．

物理解析技術は，さらにこれらを組み合わせた方法や，ここではふれなかった方法もあり，それぞれの手法がもつ特徴によって使い分ける．

以下，それぞれの手法をやや詳しく述べる．

4.5.2 故障箇所絞り込み技術（壊さずに見当をつける）
（1） 手軽な光学顕微鏡

まずは，チップ表面の観察を金属顕微鏡や共焦点レーザ走査顕微鏡で行う．チップ裏面を露出した場合には，共焦点赤外レーザ走査顕微鏡で行う．

（2） PEM 法

PEM 法を用いれば，極微弱な発光を顕微鏡的視野で観測できる．これにより，各種の欠陥や異常を検出することができる．登場時点で，人間の眼より数百万倍以上高感度といわれた PEM を用いて，デバイスチップ上の発光箇所を観測する方法は，クラナ（N. Khrana）らにより 1986 年に発表された[1]．

かれらが最初に用いた装置構成の概要は，つぎのようなものである．チップ上で発生した光は対物レンズを通ったあと，一度，電子に変換され，マイクロチャンネルプレートで増幅され，再び光に変換される．これをテレビカメラでとらえ，イメージプロセッサで光学像と重ね合わせたあと，表示する．この像を見ることで発光がどこで起こっているかを光学像上の位置で同定できる．その後，冷却 CCD を使用するなど，多くのバリエーションが考察されている．発光箇所検出位置精度は 1 μm 以下である．

非常に多くの故障モードが，PEM 法により検出可能である．以下にいままでに報告されている代表的なものを列挙する．

① ESD により破壊された酸化膜．
② 酸化膜の欠陥．
③ 配線の断線やビア（接続部）のオープンによるゲートのフローティング．
④ 不安定なゲート電位に起因するスタンバイ電流の増加．

⑤ アロイスパイクに起因するラッチアップ．
⑥ ビア部の高抵抗化により引き起こされた立ち上がり時間の遅れ．
⑦ 接合部の欠陥．
⑧ MOSFET における降伏現象．
⑨ 高抵抗ショート．
⑩ アルミ配線間のフィラメント状ブリッジ．
⑪ EM により損傷を受けた部分（図 4.13（a）[(2)]．

このうち，①から⑧は，

ⓐ 絶縁膜中を流れるトンネル電流に関連した発光，
ⓑ MOS デバイスのドレイン部におけるホットキャリアに関連した発光（図 4.13（b）[(3)]，
ⓒ pn 接合部での順方向電流に関連した発光，
ⓓ pn 接合部での逆方向電流に関連した発光，
ⓔ ⓐからⓓの組合せ，

のどれかに相当する．

また，発光のメカニズムとしては，エネルギーバンド内遷移発光，バンド間遷移発光のいずれか，あるいはその組合せであると考えられている．

⑨から⑪は，熱放射すなわちプランク放射によるものと考えられている．熱放射による発光は，従来の冷却 CCD を用いた PEM でも 180℃ 程度で観測される[(2)]．

発光のスペクトルを分類することで，故障モードや故障メカニズムを推定することも試みられたが，実用的には普及していない．

従来の冷却 CCD を用いた PEM でも，検出できる光の長波長側範囲は $1.1\,\mu m$ 程度まであるので，チップ裏面側からも観測が可能である．その後，実用化された InGaAs 検出器は 900 nm 程度から 1700 nm 程度まで感度があり，低電圧電源で長波

（a）熱放射による発光（EM 損傷箇所）　（b）MOS トランジスタのドレイン部での発光

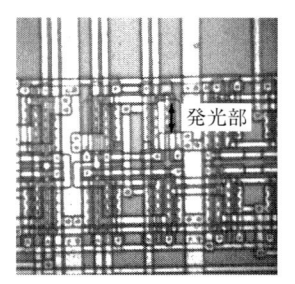

図 4.13　PEM での発光検出例

長側にシフトした発光にも，ごくわずかな発熱による発光にも有効である．

(3) 多用途の OBIRCH 装置

　OBIRCH 法はレーザビームで加熱した際の，配線の温度上昇にともなう抵抗変化を利用する手法である．1993 年に筆者らによりその基本手法が開発された[1]．その後，それにもとづいた多くの改良やバリエーションが報告されている（参考文献（2），（7）参照）．この手法により，配線中やビア下のボイドの検出，配線中の Si や Cu 化合物の析出の検出や，配線やビアの高抵抗箇所の検出が可能であるだけでなく，配線に流れるリークまたはショート電流経路の検出も可能である．これらの機能を組み合わせたかたちで，リークまたはショート経路を追うことで，ショート箇所の検出もできる（6.4 節参照）．

　レーザビームとして近赤外レーザ（通常，1.3 μm の波長のもの）を用いることで，チップ裏面側からこれらの異常を観測することも可能である[3]．近赤外レーザを用いるもう一つの理由は，Si 中で発生する OBIC 電流の発生を防ぐためである．1.2 μm 以下の波長のレーザを用いると，通常のデバイスではこの OBIC 電流がノイズとなり OBIRCH 信号の観測ができない（配線のみで構成される TEG では OBIC は発生しないので問題ない）．このような有益性があるため，近赤外レーザを用いた OBIRCH 法をとくに IR-OBIRCH 法とよび区別する場合もある．波長の長い近赤外レーザを用いることによる空間分解能の低下は，OBIRCH 像と重ね合わせるレーザ走査顕微鏡像に可視レーザを用いることで回避でき，0.4 μm 以下の異常箇所検出精度を得ている．また，固浸レンズを用いることで波長 1.3 μm のレーザビームを用いても，0.2 μm 程度の空間分解能が得られることが実証されている．

　とくに，高感度の物理欠陥内在デバイス検出法である I_{DDQ} 法で不良と判定されたデバイスにおいて，IR-OBIRCH 法を用いてリーク電流経路を検出し，さらにその原因となる物理的欠陥まで検出することも可能である[4]．

　簡単に構成としくみを説明する．OBIRCH システムは，被観測領域を加熱するためのレーザビームの発生・走査機構，加熱により変化した抵抗を検出するための「定電圧源と電流変化検出器」または「定電流源と電圧変化検出器」，およびこれらを制御して像表示する制御・表示系からなる．レーザビームによる照射加熱の結果，照射箇所の抵抗 ΔR が変化する．「定電圧（V）印加・電流変化検出」方式の場合，電流変化は，

$$\Delta I \fallingdotseq -\frac{\Delta R}{V} I^2 \tag{4.1}$$

で表せる．また，「定電流（I）印加・電圧変化検出」方式の場合，電圧変化は，

$$\Delta V = I \, \Delta R \tag{4.2}$$

で表せる.

どちらの方式においても，電流 I の項があることから**電流経路**が観測できる．また，抵抗変化 ΔR の項があることから，配線やビアやコンタクトにおける**欠陥**が検出できる．その理由は，まず，ΔR はレーザビームによる加熱の際の上昇温度に依存することから，**熱伝導**を妨げるボイドや Si 析出が検出できる．ΔR はまた，抵抗の温度係数 **TCR** に依存することから，TCR が周囲と異なる物質の存在を検出できる．とくに，ビア底部やコンタクト部に高抵抗層ができた場合，その温度係数が通常と符号が逆の負である場合が多いため，像におけるコントラストの明暗の違いとして明確に区別できる．なお，像の明暗の表示は，通常，信号強度の増減に対応させて設定されるため，「定電圧印加・電流変化検出」方式と「定電流印加・電圧変化検出」方式では明暗が逆転する．それでは，物理現象との対応がとりにくいので，抵抗の増・減に対応させて暗・明と表示する方法もとられている．以下の例でもその方法により表示している．

図 4.14 に，配線底部に存在する約 $0.1\,\mu\mathrm{m}$ 以下の微小ボイドを，暗コントラストとして検出した例を示す．同図（a）の OBIRCH 像で，配線の一部に暗コントラストが見える．そのうちの最も暗い箇所の断面を FIB 法で切り出し，SIM 像で観測したのが同図（b）である．配線の底部に微小なボイドが見られる．

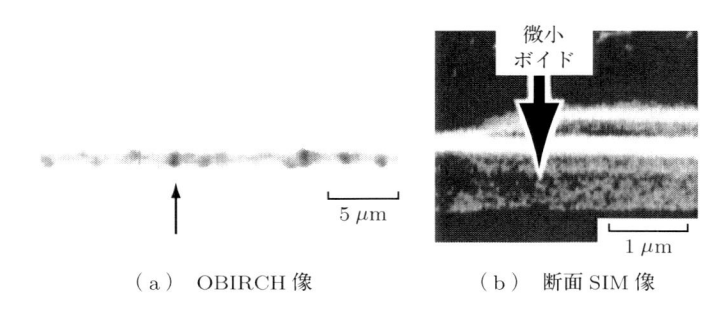

（a）OBIRCH 像　　（b）断面 SIM 像

図 4.14　配線底部の約 $0.1\,\mu\mathrm{m}$ 以下の微小ボイドを OBIRCH 法検出した例

図 4.15（a）では，Al 配線に流れる電流リーク経路が暗コントラストとして，その両端部が明コントラストとして見える．この箇所を，同時に共焦点レーザ走査顕微鏡で観察した結果が同図（b）である．明コントラストの箇所は人工ショートをつくるために，FIB 法のタングステン堆積機能で電源とグランドをショートした箇所である．一般に，遷移金属を含む合金の抵抗の温度係数は抵抗率と負の相関をもち，抵抗率が $150\,\mu\Omega\cdot\mathrm{cm}$ 程度以上では負の温度係数をもつことが知られている[5]．FIB によりタングステンを堆積した箇所では，タングステンとガリウムなどの合金が形成

され，これが負の温度係数をもつため，明コントラストとして検出されたと考えられる．

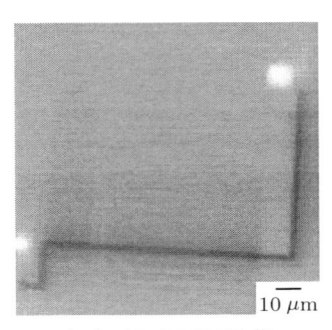

(a) IR-OBIRCH像　　　(b) 光学像

図 4.15　電流経路の可視化

以上，OBIRCH法を使うと配線部の異常が検出できることを述べたが，温度特性異常の箇所が検出できることから考えて，基板部（拡散層）の異常も検出できることが予想される．ただし，レーザビーム照射による発熱は主に配線部で起こるため，基板部では温度上昇の程度が少なく，感度が落ちる．しかし，このような拡散層部での異常が検出された例も報告されている[6]．

(4)　ホットスポットの検出には液晶塗布法

液晶塗布法は**液晶法**ともよばれる．チップ上に塗布した液晶の，液晶相から液体相への温度による相転移を利用して，異常発熱箇所を検出できる．

簡単に手順を説明する．まず，チップ上に溶剤に溶かした液晶を塗布する．顕微鏡の下で偏光を照射し，反射光を偏光子と直角に回転させた検光子を通して観察すると，ホットスポットが暗い点として観測できる．ホットスポット検出位置精度は 1 μm 程度であるが，液晶の塗布むらがあると悪くなる．

液晶塗布法の感度を向上させる方法としては，偏光を用いる以外に，温度制御する方法と，パルス電圧を用いる方法が報告されている．日常の故障解析では，これらの方法すべてを組み合わせて用いる場合が多い．温度制御の例としては図 4.16 に示すように，サンプルの温度を液晶の転移温度直下まで上げておき，微弱な発熱でも検出できるようにすると，転移温度より高い箇所のみが液体相になり，コントラストがついて識別できる．温度制御は，簡便な方法としてヘアードライヤーや電球を用いる方法，専用の温度コントローラを用いる方法などが行われている．図 4.17 に，ホットスポットを検出した例を示す．図（a）がパワーオフのとき，同図（b）がパワー

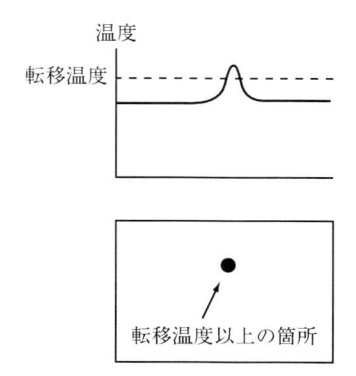

図 4.16 液晶法によるホットスポット検出のしくみ

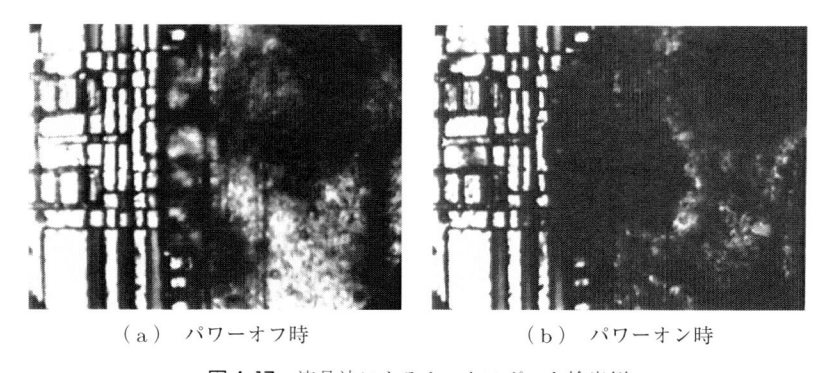

(a) パワーオフ時   (b) パワーオン時

図 4.17 液晶法によるホットスポット検出例

をオンしたときの像である．実際の観察時には，パルス状の電圧を与えているので，発熱箇所がリアルタイムで収縮膨張を繰り返し，写真で見るよりはるかにわかりやすい．パルスの周期はリアルタイムで見やすい 1 Hz 前後が用いられる．よく用いられる液晶は転移温度が約 40 °C の MBBA（Methoxy-Benzylidene Butyl-Aniline）である．

現在までに報告されているなかで，検出された最小発熱量は $3\,\mu\mathrm{W}$ であるが，日常の解析ではそれより 1 桁から 3 桁ほど悪いようである．

最近の先端の多層配線デバイスの場合には，発熱箇所がチップ表面から遠いため，検出感度や空間分解能が悪い．そのような場合は，発熱にともなう熱放射を熱放射顕微鏡（赤外（熱）顕微鏡）法やロックイン利用発熱解析法で観察する．

(5) オーソドックスな EB テスタ

EB テスタは，電子ビームを用いて，配線の電位を観測する方法である．電位観測

に使用する装置の名称は，1980年代まではストロボSEMとよばれることが多かったが，現在では，EBテスタまたは電子ビームテスタとよばれている．ストロボSEMとよばれていたころは，SEMを改造した装置が用いられており，そこに使われるストロボ法とよばれるサンプリング手法が強調されて，そのようによばれていた．その後，SEM用ではない専用の電子光学系が用いられ，なおかつ，ブラックボックスとして使える，ユーザーインターフェースのすぐれた装置が普及してからは，EBテスタとよばれることが多くなった．

この手法では，電子ビームを照射した結果，配線から放出される2次電子が検出器に到達する量が，配線電位に依存することを利用して電位を観測する．PEM法や液晶法，あるいはOBIRCH法とは違い，この機能単独での異常箇所の推定は非常に困難である．異常な箇所を検出するには，あとで述べるような工夫が必要である．電位の情報は，電位波形や電位分布像として得る．動作している状態のデバイスを観測するためには，通常，デバイスの動作と同期したパルス電子ビームを用いた，ストロボ法とよばれる方法が用いられている．

EBテスタは，計測の自動化という観点から三つの世代に分けることができる[1][2]．これは，**ほかの故障解析手法の模範**にもなっているので，ここで簡単に説明しておく．

第一世代は，SEMに簡単な改造を施したもので，ストロボ法用のパルスビームを発生できるようにビームブランキング装置を付加し，被観測デバイスを所定の状態に設定するための，簡単なパルス発生器を付加している．上記のように，この世代のものはストロボ法を用いていることを強調して，ストロボSEMとよばれていた．

第二世代はより実用的な装置で，複雑な被観測デバイスを所定の状態にするための，パルス発生器や画像処理装置などを装備している．

第三世代は自動化が進み，集積回路の設計データベースとの結合がなされたものである．第二世代，第三世代の装置では，被観測デバイスを所定の状態に設定するために，LSIテスタを信号入力装置として用い，ワークステーションにより制御させているものが多い．これらの世代の装置は，通常，EBテスタとよばれている．第三世代のシステムの基本機能としては，図4.18に示すように，

① 実時間電位分布像およびストロボ電位分布像が得られる（左下），
② 左下の電位分布像上でプローブのようなアイコンで指示した箇所のストロボ電位波形像が得られる（左上），
③ 電位分布像に対応したレイアウト図が見られる（右下），
④ それに対応した回路図または機能図が見られる（右上），

などがあげられる．

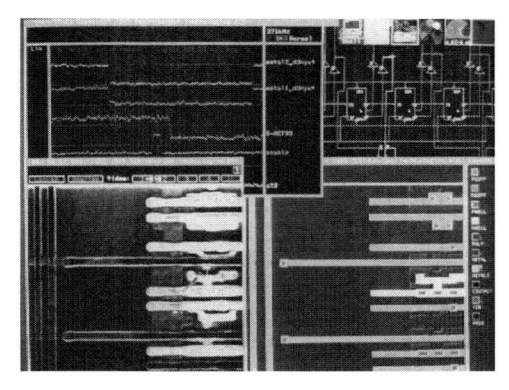

図4.18　EBテスタの主な4機能

　EBテスタを故障解析に適用する研究や，その研究成果を用いた事例は数多く報告されている．とくに，故障発生箇所追跡手法に関しては，上述の第二，第三世代のシステムをベースにしたものがいくつか発表されている．これらの方法に共通して用いられている故障発生箇所の追跡のしくみは，非常に単純で，故障検出パッドから時間的・空間的に故障箇所をさかのぼる方法である．

　EBテスタでは，このようなさかのぼり手法を用いなければ，一般には故障箇所絞り込みはきわめて困難である．この，さかのぼりによる故障発生箇所の絞り込みのしくみを簡単に説明する．テストパタン（LSIを動作させるための信号の列，テストベクタともよばれる）をLSIに入力していくと，それがチップ上を伝播していく．その途中で，チップ上において電気的故障が発生すると，その故障信号がチップ上を伝播し，最後にはボンディングパッドまで到達する．ここでいう電気的故障とは実信号とその期待値が異なることであり，その信号を故障信号とよんでいる．故障信号を電位分布像としてみた例を図4.19に示す．サンプルは電源電圧マージン不良であり，電源電圧の値を変えることで，正常状態と不良状態が可逆的に再現する．図（a）が正常状態の電位分布像，同図（b）が不良状態の電位分布像，同図（c）が両者の対応ピクセルごとの輝度の差をとった像，すなわち故障像である．故障像をみることで，はじめて故障信号が視覚化できる．故障信号は枝分かれし，チップ上に広がっていくが，パッドに到達してようやくチップ外部から故障として検知される．故障発生箇所の絞り込みは，通常，最初に故障信号がパッドに到達した時点からはじめる．この点（空間点，時間点）から，故障信号を電気的故障発生箇所に向かって，空間的かつ時間的にさかのぼれば，故障発生箇所に到達できる．

　図4.20に，このようにしてパッドから故障発生箇所までさかのぼった例を示す[3]．この例を参照して，おおよその手順を説明する．まず，対象デバイスチップが不良で

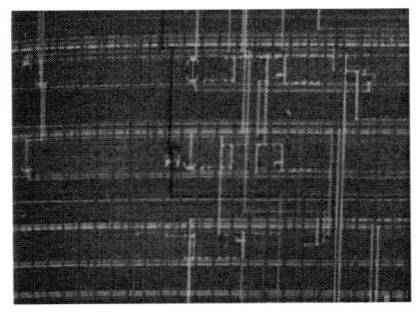

（a）正常状態の電位分布像 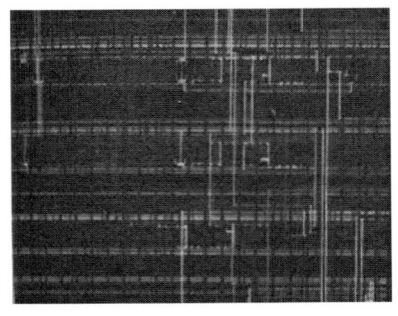　　　　（b）不良状態の電位分布像

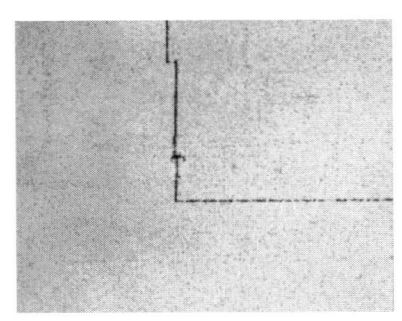

（c）両者の対応ピクセルごとの輝度の差をとった像

図 4.19　故障信号を電位分布像としてみた例

あることは LSI テスタで認識できる．このデバイスは電源電圧マージン不良であり，ある電圧範囲で不良となる．その不良状態において，テストパタンを 1 番目から順に入力していき，2092 番目のテストパタンを入力したときに，期待値と異なる信号が出力された．同図でいうと，右上の矢印で示したパッドで，LSI テスタにより異常信号が観測された．EB テスタでの解析では，まずこのパッドを含む領域（場所 1）で電位分布像を取得する．その際，テストパタンを 1 番目から順に入力して 2092 番目にきたときに電位分布像を取得する．実際は，これを繰り返し積算することと，2092 番目の状態に長く止めることで S/N（信号対ノイズ比）を改善する．これを良品の状態と不良品の状態で取得してその差像（故障像）を表示したのが，図 4.20 の上端（場所 1）の写真である．

同図では，その後，電位分布像を取得するテストパタンを 2091，2090，…と，さかのぼりつつ故障像上で故障電位をチップ内部へ，場所 2，場所 3，…と追いかけながらさかのぼっていったときの故障像をすべてつないで示してある．ここに載せなかった領域においては，故障像はまったく現れなかった．最後に，場所 8 において，テストパタンを 2088 から 2087 にさかのぼった際に，故障像がなくなった．このこ

4.5 チップ部の故障解析

場所 1
(2092 番パタン)

2
(2092)

2092 番目の
テストパタンを
入力したとき，
はじめて外部に
故障信号が現れた

3
(2091)
(2090)

テストパタンも，場所も，さかのぼる

4 (2090)

5 (2090)　　6 (2090)

7
(2089)
(2088)

8
(2087)

8
(2089)
(2088)

場所 8 ではテスト
パタンを 2088 番
から 2087 番へさ
かのぼると故障像
が見えなくなった

2088 番目のテスト
パタンを入力した
ときに，場所 8 で，
故障が発生したこと
を意味する

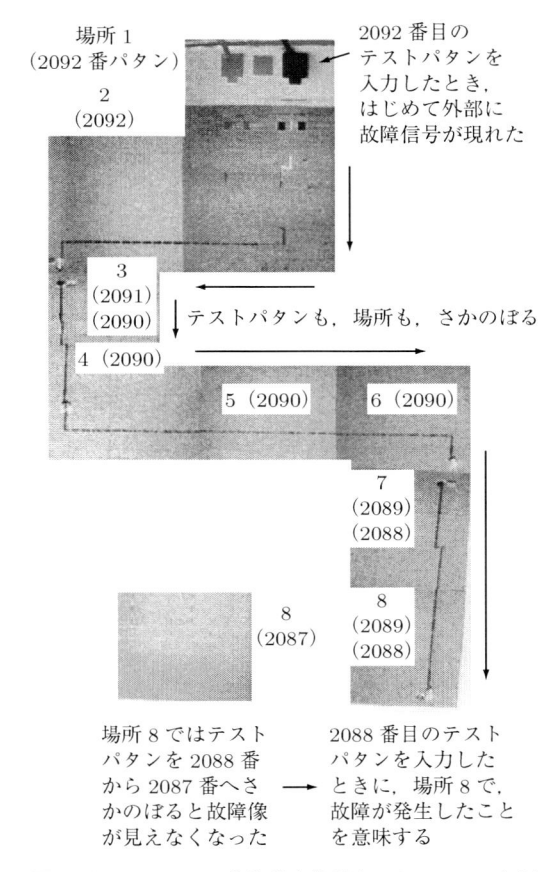

図 4.20　パッドから故障発生箇所までさかのぼった例

とから，テストパタン 2088 を入力した際に場所 8 で電気的故障が発生したことがわかった．

電位分布像をベースにしたさかのぼり手法は，1984 年に Intel 社から提案されていた．NEC はこれを現実の半導体デバイスに適用するにあたり，シュルンベルジェ社と共同で EB テスタに各種改善を加えるとともに，効率化手法を用いることで実用化をはかり，その結果を報告している[3]．

電位波形をベースにしたさかのぼり手法は，回路の接続情報にもとづいて電位波形を観測する手順を決定し，故障信号をさかのぼっていく方法である．この手法自体は，1980 年代初頭にプリント基板上の故障検出の方法として提案されていた方法であるが，その後，NTT はシュルンベルジェ社と共同で，各種の効率化法を用いて半導体集積回路へ適用し，報告している[4]．

現在は，この二通りの方法をベースに各種改良が加えられ，日常，解析に用いられている．

EBテスタは，最表面から1～2層下の配線の電位しか観測できないため，先端デバイスでの多層配線化が進むにつれて，その使用頻度が減ってきている．多層配線デバイスでその特徴を生かした解析が必要な場合には，研磨やFIBによる加工のあとに用いられる．

> **COLUMN 5：EBTSからLSITSへ**
>
> 筆者が長年企画運営委員を務めているシンポジウムに「LSIテスティングシンポジウム（LSITS）（LSIテスティング学会主催）」がある．毎年11月に大阪府で開催されており，最近では，毎年300～400名程度の参加者がいる[1]．このシンポジウムは日本における会議のなかでは，LSIの故障解析に関する発表が最も多く，全体で60～70件の発表のうち，3分の2はLSIの故障解析に関連する発表である．ここでは，EBテスタからはじまった，このシンポジウムの歴史的変遷を眺めてみる．
>
> 企画運営委員会の名誉委員長である大阪大学の藤岡 弘名誉教授の報告[2]によると，このシンポジウムの前身である公開学術講座，「ストロボ走査電子顕微鏡と半導体素子への応用」は，1979年と1980年の2回開催され，当時，大阪大学の教授であった裏 克己氏と藤岡 弘氏により講演と実演が行われたとのこと．
>
> 1981年には，日本学術振興会第132委員会の主催で，外部からの発表も行う「ストロボSEMとその応用」シンポジウムとして開催された．
>
> そして，1982年から1993年までは，世界的に名前が定着した「電子ビームテスティング」という名称を用いた「電子ビームテスティングシンポジウム（EBTS）」として開催された．しかし，EBテスティングの普及とともに，逆に研究としての発表件数は減り，1987年以降はFIBが，1989年以降は光ビームが加わり，1994年には全発表件数のうち，電子ビームに関する発表が50％と減り，その年から「LSIテスティングシンポジウム」と改称された．

（6） 裏の主役はコンピュータ利用法

故障解析においても，ほかの分野と同様に，コンピュータが大いに利用されてい

---

1) http://www-lsits.ist.osaka-u.ac.jp/ 参照．
2) 藤岡 弘，「EBテスティングシンポジウムからLSIテスティングシンポジウムに」，日本学術振興会荷電粒子ビームの工業への応用第132委員会第128回研究会（「LSIテスティングシンポジウム」）資料，pp.1-4 (1994).

る．ほかの分野と共通に使われているもの以外で，とくに故障解析用に開発され，現在までに有効性が示されているものを，とくに CAFA（Computer Aided Failure Analysis）とよぶ場合もある．その主なものはつぎの三つに分類できる．

① LSI テスタでの測定結果と，設計データ（CAD データ）のみを用いて故障発生箇所の追跡を行う CAFL（Computer Aided Fault Localization）．80 年代から使われており，現在では，先端デバイスの故障解析には必要不可欠なものとなっている．本書で**故障診断**とよんでいるものがこれである．

② EB テスタなどでの故障箇所絞り込みの際に，補助的手段としてコンピュータを用いるもの．80 年代後半に EB テスタがブラックボックスとして利用できるようになったころから使われるようになってきた．レイアウトと被観察箇所の位置対応をとるもの，それに回路構成との対応をとるもの，絞り込みのアルゴリズムを組み込んだもの，像や波形の自動比較を行うもの，さらには自動追跡を行うものなど，多くのバリエーションがある．

③ エキスパートシステムを利用した故障解析．1990 年代に入ってから提案され，一部では利用されているようであるが，まだ一般には普及していない．

（7） 多芸を誇る FIB 法

FIB 法はさまざまな用途に応用できる．まず，形状・材質・結晶構造などに関連した異常の検出ができる．さらに，FIB の場所選択的スパッタリング機能，場所選択的金属膜・絶縁膜堆積機能も併用することで，故障箇所の絞り込みや物理的解析において，非常に多くの用途で使われる．4.5.2 項の前の導入部の図 4.12 では，物理的解析に分類して説明したが，故障箇所の絞り込みと物理的解析の両方で使われるため，ここでは，故障箇所絞り込みの項で説明する．

FIB の三つの基本機能を図 4.21 に示す．まず，図（a）に示すように，細く絞った Ga イオンを照射することで，**局所的スパッタリング**が行える．つぎに，同図（b）に示すように，タングステン W や白金 Pt といった金属の化合物（$W(CO_6)$，$Pt(CO_6)$ など）を吹き付けながら細く絞った Ga イオンを照射することで，**局所的な金属膜堆積**ができる．同様に，局所的に絶縁膜を堆積する機能にも用いられる．最後に，同図（c）に示すように，細く絞った Ga イオンを照射した際に発生する 2 次電子や 2 次イオンを検出することで，形状だけでなく材質や結晶方位に依存した像（SIM 像，Scanning Ion Microscope image）が得られる．また，この SIM 機能は局所的スパッタリングや局所的金属膜・絶縁膜堆積の際のモニターにも用いられる．

当初は配線やマスクの修正などにしか使われていなかった FIB の故障解析への多種の応用は，1989 年に筆者らにより開発された[1]．その後，その成果をベースに，

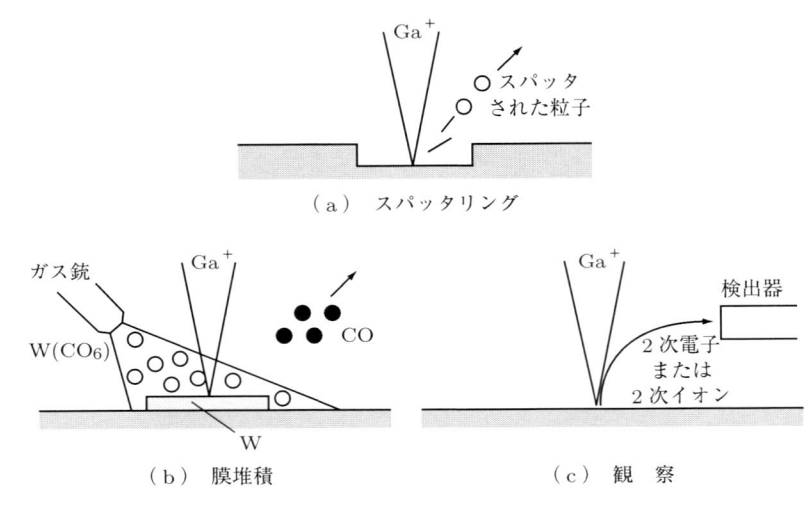

図4.21 FIBの基本3機能

(a) スパッタリング
(b) 膜堆積
(c) 観察

非常に広範な応用が行われている[2][3].

FIBの上記の三つの基本機能を組み合わせることで可能となる応用機能には,
① 顕微鏡的視野での任意の箇所の断面出しとSIM像でのその場観察,
② ほかの故障解析のための各種前処理,
③ 金属配線の結晶微細構造の観測,

がある.

さらに,FIBとSEMを同一試料室内に配置し,EDX装置を取り付けることで,
④ 顕微鏡的視野での任意の箇所の断面出しとSEM像でのその場観察,
⑤ 顕微鏡的視野での任意の箇所の断面出しとその場組成分析,

が可能になっている.

また,②の機能の一つだが,特筆すべきものとして,
⑥ 特定箇所の断面をTEMで観測するためにFIBで印付けをし,その断面を出す[4].

といったことが,実務の場でも行われるようになった.

FIBの故障解析への応用例は,6.4節,6.6節,あるいは参考文献(5)〜(9)を参照されたい.ここでは,上記①と⑥の代表的な写真を図4.22および図4.24に載せるに止める.

図4.22は,半導体デバイスの製造工程不良品で,表面からは数μmのピンホールとして金属顕微鏡で見えた箇所(同図(a))の断面をFIB法で出し,その断面をSIM像で観察した結果である(同図(b)).0.1μm以下の細いショート箇所があるのがわかる.

4.5 チップ部の故障解析

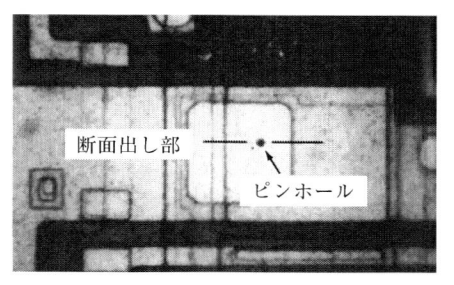

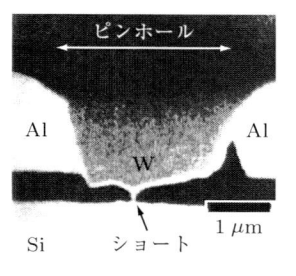

(a) 表面からの光学像 (b) 断面 SIM 像

図 4.22 半導体デバイスの製造工程不良品

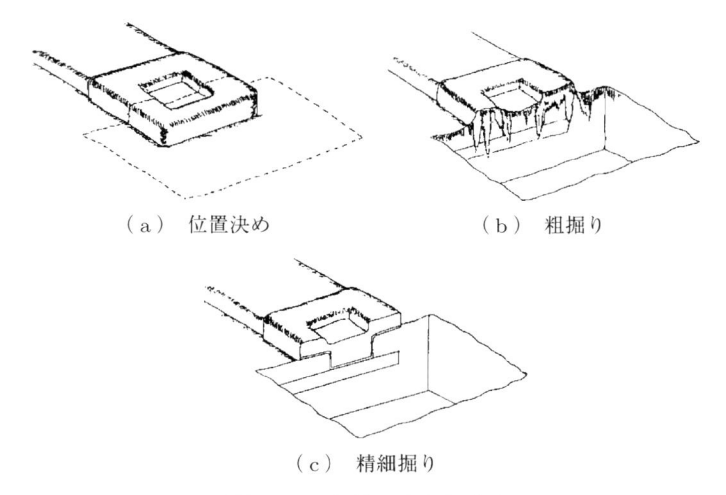

(a) 位置決め (b) 粗掘り

(c) 精細掘り

図 4.23 断面出しを行う手順

このような**断面出しを行う手順**を,図 4.23 を参照しながら説明する.まず,断面を出したい箇所の近傍に FIB のミリング機能で印をつける(図には非表示).つぎに,断面出しを行った際,断面の最上面となる表面付近を保護するために,FIB の膜堆積機能で膜を部分的に堆積する(非表示).つぎに直方体の穴を,その側面が見たい断面となるように掘る.直方体の底面積が掘り進むに連れて小さくなるように段階的に掘ると(非表示),効率よく掘ることができる.また,まさに見たい断面をミリングする最後の段階以外は,ビーム量を多くし,ミリングレートを上げることで,効率が上がる(同図(b)および同図(c)).

図 4.24 は,多層配線構造のビア部の高抵抗箇所を OBIRCH 法で検出し,その断面を FIB 法で出し,ビア底の断面を TEM 法で観察したものである.正常なものでは TiN 層と Al 層の境界に多結晶層ができている(同図(a))が,OBIRCH 法で

異常コントラストが見えた箇所では，そこにアモルファス層が存在していることがわかった（同図（b））．

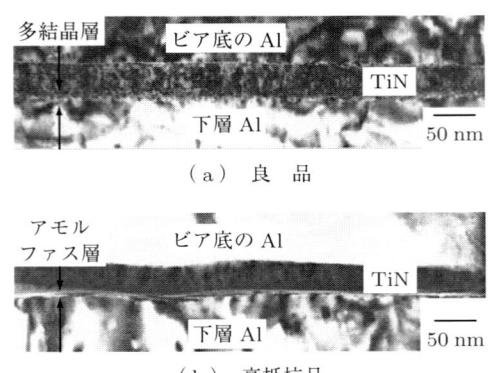

図 4.24 ビア部の高抵抗箇所を OBIRCH 法で検出し，その断面を FIB 法で出し，ビア底の断面を TEM 法で観察

このような，**TEM 観察試料作製の手順**について，図 4.25 を参照しながら説明する[8]．まず，断面を出したい箇所の近傍に FIB のミリング機能でマーキングする．つぎに，断面出しを行った際，断面の最上面となる表面付近を保護するために，FIB の膜堆積機能で膜を部分的に堆積する．つぎに，ダイサーで 0.2〜0.5 mm 程度の厚さに切断する．その後，FIB のミリング機能で観察したい断面の両側を，最終的な厚さが 0.1 μm 程度になるまで，ミリングする．

ダイサーを用いずに，FIB とプローバーで TEM 観察用試料を作製する方法も実用化されている．

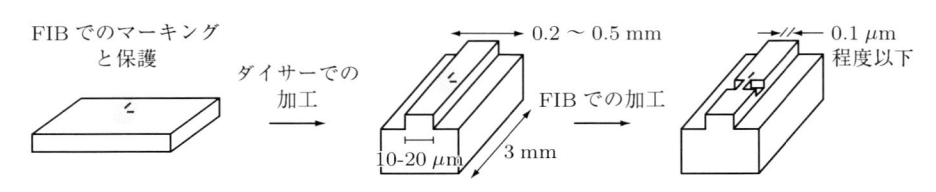

図 4.25 TEM 観察試料作製用の断面出しを行う手順

（8） 90 年代にリバイバルした OBIC 法

OBIC 法は，レーザビームを Si などの半導体に照射したときに発生する，電子・正孔対に起因する電流を利用する．被観察デバイスに定電圧を印加した状態で，レーザビームを被観察領域に走査しながら，場所ごとの電流変化を輝度変化として表示することで，明暗の像が得られる．この像の明暗は，レーザビーム照射位置の電界と，

外部検出器までの経路などに依存するため，異常箇所の検出に利用できる．

古くからある方法であり，1970年代から1980年代にかけては多くのバリエーションが報告されていたが，日常の故障解析手法としては定着していなかった．1990年代に入ってから高感度の電流変化検出器が開発されたこともあり，新たに見直された．検出可能な故障としては，メモリセルでの接合リーク，絶縁膜の欠陥，バイポーラトランジスタのコレクター-エミッター間のショート，Al配線と基板間のショート，ゲート酸化膜の欠陥，CMOS LSIのγ線による照射損傷などが報告されている．

また，同様の装置構成で，レーザビームを配線部に照射して加熱したときの電流変化を，通常のOBIC法より高感度で検出することで配線の欠陥を検出する方法として，OBIRCH法とNB-OBIC法とがある．前者は加熱による抵抗変化を検出し，後者は加熱による熱起電力の発生を検出する．前者は電流経路の観察も可能である（4.5.2項（3）参照）．

（9） チップ裏面からの観測

チップ上の多層配線における層数の増加ならびに実装方法の多様化が進展するなかで，それに対応した故障解析をするために，チップ裏面側からの観測が必要な場合が増えている．**チップ裏面側からの観測が必要な理由**としては，

① チップ内配線の多層化によりチップの表面側からは観測できない箇所が増大した．

② 実装方法としてチップ表面側からの露出は困難であるが，裏面側からは露出しやすいものが増大した．

の2点があげられる．

2点とも，高密度化をめざした結果である．

裏面側からの観測の手段としては，

① シリコン基板を透過する波長の光（約$1.1\,\mu m$以上）を利用する．

② シリコン基板を数$10\,\mu m$まで薄く研磨する．

③ 物理的に裏側から接近する．

という3通りの方法が試みられている．①は広く実用化され，PEM法やOBIRCH法で用いられているが，②や③はまだ一部で報告があるのみである．

4.5.3 物理（化学）的解析技術（壊してでも根本原因を究明）

故障箇所がある段階まで絞り込めたら，つぎは，物理的に解析していく．物理的解析領域内に故障原因欠陥があるとの確信がもてたときは，この物理解析に移ることができる．また，そのような確信がなくても，同種の故障品がまだ残っている場合には

物理的解析に着手できる．いずれにしても，この段階では，程度の差こそあれ破壊的な解析になるので，これ以前の段階以上に慎重に手順を進めることが必要となる．

物理的破壊解析に入るまえに，各種の前処理が必要である．これらの前処理も基本的には破壊的な処理である．たとえば，表面研磨や断面研磨により物理的欠陥に接近できるが，誤って欠陥部を研磨してしまうこともある．反応性イオンエッチングにより絶縁膜の除去を行う場合でも同様である．反応性イオンエッチングは非破壊的絞り込みの段階でも用いるが，この場合にも絶縁膜を除去することで容量値が変化し，その結果，電気的特性が変化するため，故障絞り込みを続行できなくなることもあるので注意が必要である．

FIB 法は，非破壊的故障箇所絞り込みに利用できるだけでなく，物理解析の前処理にも，物理解析にも使える．また，電子顕微鏡は拡大観察にも分析にも使える．

以下，これまであまり詳しく述べなかったいくつかの故障解析手法について少し詳しく述べる．また，すでに詳述したものについても，重要なものには補足的説明を行う．

（1） SEM 法（拡大観察にも，元素分析のプラットフォームにも）

SEM は，電子ビームを試料上に走査させながらビーム照射箇所で発生する 2 次電子を検出し，その強度を走査場所に対応した明暗で表示する装置である．通常の光学顕微鏡で，光を電子におき換えたものが TEM であり，レーザ走査顕微鏡で，光を電子に置き換えたものが SEM という対応がつく[1]．主に表面形状の観察に用いられ，EDX 装置を SEM 装置に装着することで元素分析にも使われている．また，電位分布の観察にも用いられ，それに特化した装置が EB テスタである．

表面形状が観察できる原理の概要は，つぎのとおりである．2 次電子のエネルギーは比較的弱く[2]，表面から数 nm 程度より深いところで発生したものは真空中に出られない．このため，電子ビームと試料表面との相対角度（形状により変わる）により 2 次電子の検出量が変わり，像での明るさが変わるためこれを形状として認識できる[3]．

つぎに，電位コントラストが観察できる原理の概要はつぎのとおりである．2 次電子は負の電荷をもっているため，2 次電子が発生する試料表面と，2 次電子が検出さ

---

1) 歴史的には SEM のほうが発明も実用化も早い．
2) 4.5.3（4）項の図 4.29 参照．
3) 2 次電子検出器は，多くの場合，反射電子も検出している．図 4.29 に示すように，反射電子はエネルギーが高いため，内部構造の情報も混じってくる．逆に，検出器の構成として反射電子を主に検出するようにすると，内部構造や組成を多く反映した像が得られる．

れる検出器との間の電界分布により，検出器への到達量が異なる．簡単な例でいうと，3Vの電位の配線からよりも0Vの電位の配線からのほうが検出器に多くの2次電子が到達し，明るく表示される．これが電位分布像として認識される．

光学顕微鏡（金属顕微鏡），TEM，SIM（FIBの機能の一つ）もSEMと同じように像として観察できるが，SEM像はこれらの像と比べると以下に記す特徴があるため，それぞれの長短に応じて使い分ける．

光学顕微鏡に比べるとSEMには，つぎのような特徴がある．
① 空間分解能が高い．
② 焦点深度が深いため，凹凸の多いサンプルの観察も容易．
③ 形状観察と同時にEDXなどの併用により元素分析が可能．
④ 表面形状はわかるが，色の情報がなく，また絶縁膜が透けては見えない．
⑤ 真空中で観察する必要がある．

TEMと比べると，SEMには，つぎのような特徴がある．
① サンプルの薄片化の必要がなく，観察の前処理が簡単で広い範囲の観察が可能．
② 表面形状が観察できる．
③ 空間分解能が劣る．
④ 結晶に関する情報がきわめて少ない[1]．

また，**SIM**と比べると，SEMには，つぎのような特徴がある．
① 空間分解能がすぐれる[2]．
② スパッタリングしないという意味では，非破壊で観察可能．
③ 観察と同時にEDXによる分析が可能．
④ 結晶や物質差に関する情報に乏しい．
⑤ 電位コントラスト観察時の加工ができないため，電位コントラスト観察時の帯電現象の制御が困難．

詳細は，入門的には参考文献（1），（5）を，専門的には参考文献（2）〜（4）を参照されたい．

---

[1] これは，SEMの通常の使い方の場合についてである．実は，後方散乱電子（反射電子）には結晶に関する情報が多く含まれている．最近では，これを利用する実用的な方法がコンピュータ応用により可能になっており，EBSD法とよばれている．詳細は参考文献（4），（5）を参照されたい．
[2] 大まかにいうと，1nm対5nm．ただし，ともに条件で大きく異なる．また，本書ではSIM像はGaイオンを用いたものについて述べているが，最近実用化されたHeイオン顕微鏡ではSEMより高い空間分解能が得られている．

（2） TEM 法（拡大観察，結晶構造観察，さらには元素分析のプラットフォームにも）

TEM は，光学顕微鏡で光の代わりに光より波長の短い電子ビームを用いることで，空間分解能を上げる目的で発明されたものである．SEM のような走査系を用いず，純粋に（電子）光学的に像を得る．このため，歴史的にも SEM より古く，1929 年にドイツのエルンスト・ルスカ（Ernst. A. F. Ruska，1906～1988 年）により発明され，1939 年にはシーメンス社により商用機が完成している．空間分解能は，光学顕微鏡を用いた場合，$0.2\,\mu m$ 以下は困難であるが，TEM を用いると $0.1\,nm$ も可能である．

半導体デバイスへの応用としては，1970 年代までは，研究目的で配線材料などの観察に用いられるだけであった．デバイスの構造を観察するための断面形状の観察は 1980 年ころからはじまり，1990 年代に入り活発に行われるようになった．TEM を用いた断面観察が盛んに行われるようになった背景には，デバイスの微細化がある．一方，故障解析を目的とした断面観察においては，故障の疑いのある箇所をサブ μm の精度で断面出しをする必要があり，それは長い間名人芸による研磨に頼っていた．1989 年のカーク（E. C. G. Kirk）らによる，FIB を用いて $100\,nm$ 以下の精度で狙った箇所の断面を出す方法の開発で[1]，これがはじめて誰にでも可能となった．

以下にその手順の概要を記す．
① 観察したい箇所の近傍に FIB で印をつける．
② ダイサーで，ある程度薄くする．
③ FIB で観察したい箇所の両側をミリングして断面を出す[1]．
④ TEM で形状や材質の異常を見つける．
⑤ TEM に付属している EDX や EELS で元素分析を行い，元素分布上の異常を見つける．
⑥ TEM の電子線回折機能を用いて結晶構造上の異常を見つける．

日本で故障解析に本格的に使われるようになるのは，カークらの発表から 5 年以上経ってからである．

詳細は，入門的には参考文献（2），（3）を，専門的には参考文献（4），（5）を，そのときどきのトピックスは参考文献（6），（7）を参照されたい．

（3） EPMA 法，とくに EDX 法（元素分析手法の代表格）

元素分析手法のなかで最もよく利用されるのが，EPMA 法である．EPMA 法では，電子ビームを照射した際に発生する特性 X 線を利用して元素分析を行う．特性

---

1) 手順①～③の詳細は 4.5.2 項（7）の図 4.25 およびその説明を参照のこと．

X線を分光する方法に，エネルギーで分光する **EDX** 法と，波長で分光する **WDX** 法とがあるが，EDX法のほうがよく用いられる．

EDX装置はSEMに組み込まれたり，TEMに組み込まれたり，FIBとSEMの複合機に組み込まれたりと，多くの装置で使われている．

ここでは，EPMA法においてどのような原理で元素分析ができるのかを，図4.26を参照しながら簡単に説明する．図の左半分では，照射した電子（1次電子）や反射電子あるいは2次電子が，励起電子として，原子内の電子軌道の一つであるK殻に存在する電子をたたき出すようすを示している．たたき出された結果できた空席（白丸で示す）をL殻の電子が占める際，二通りのエネルギーのやり取りがある．この図に示したのがその一つで，**特性X線**を出しながら，L殻の電子がK殻の空席を占める．

ここでは，簡単のために電子軌道として，K殻とL殻の内部構造は省略した．実際は元素ごとの構造に応じた電子軌道間の遷移がある．このため，この特性X線を検出することで，元素の識別が可能となる．もう一つのエネルギーのやり取りの過程では，**オージェ電子**が発生する．これについては次項で説明する．

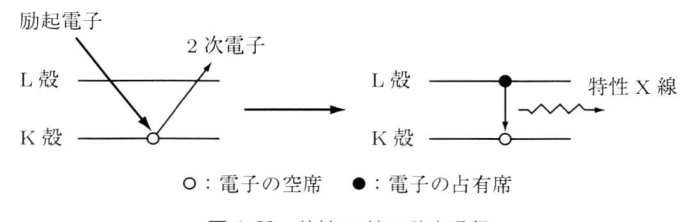

図4.26 特性X線の発生過程

つぎに，図4.27に特性X線の発生領域を示す．入射電子（1次電子）は物質内に入ると多くの相互作用を繰り返し，特性X線などを放出しながら広がっていく．その際，発生した反射電子や2次電子もやはり特性X線などを放出する．このように，特性X線の広がり領域は1次電子のエネルギーや物質に依存するが，少なくとも100 nm程度以上となる．

発生した特性X線の大部分は真空中に出てくる．このため，EPMAでの分析領域は，特性X線発生領域と一致し，少なくとも100 nm程度以上の広がりをもつことになる[1]．

---

[1] TEMに搭載したEDXを用い，100 nm程度の薄い試料を用いればこのような広がりがないので，nmオーダの分解能を得ることができる．6.4節および6.6節でそのような高空間分解能でEDX解析を行った事例を示す．

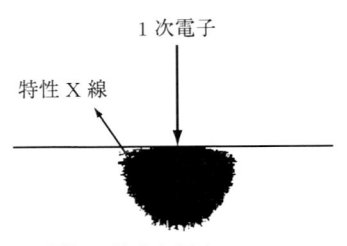

特性X線発生領域 ≳ 100 nm

図 4.27 特性X線の発生領域

（4） オージェ電子分光法，AES（ごく表面の分析）

EPMAによる分析では，薄片化しない通常の試料を用いたのでは，100 nm以下の分解能を得ることが困難なため，数nmから100 nm程度のごく表面を分析したいときには，**AES**を用いる場合もある．

図4.28に，**オージェ電子の発生過程**を示す．左半分はEPMAの場合と同じで，1次電子などの励起源となる電子によりK殻の電子が放出される．その結果，空いた空席をL殻の電子が埋めるところまでは，特性X線放出の過程と同じである．異なる点は，右に示したように，L殻の電子がK殻を埋める際に放出するエネルギーを，L殻のほかの電子が使い，飛び出すのに用いることである．この飛び出した電子がオージェ電子である．このオージェ効果は，1925年にオージェ（P. V. Auger, 1899～1993年）により発見された．

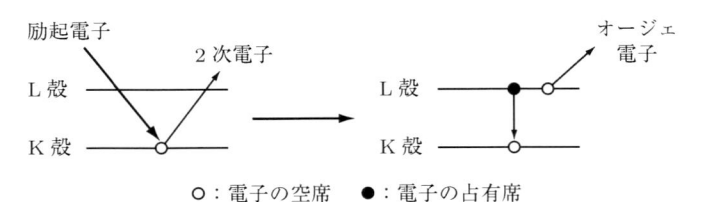

○：電子の空席　●：電子の占有席

図 4.28 オージェ電子の発生過程

つぎに，オージェ電子分光により，ごく表面の分析が可能である理由を説明する．図4.29に，加速電圧10 kVの電子を入射した際に発生する電子のエネルギースペクトルを模式的に示す．発生する電子は大きく三つに分類できる．最もエネルギーが低いのが2次電子である．つぎにオージェ電子を含む領域が存在する．そして，最もエネルギーが高いのが反射電子または後方散乱電子とよばれる電子である．このように，オージェ電子は反射電子と比べると，比較的エネルギーが低いことがわかる．

つぎに，図4.30にオージェ電子の発生領域と脱出深さを示す．この図のように，

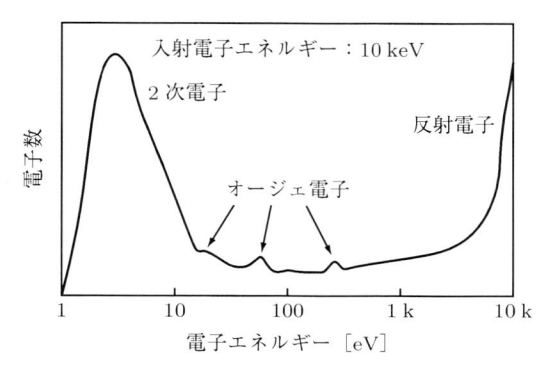

図 4.29 オージェ電子のエネルギー領域

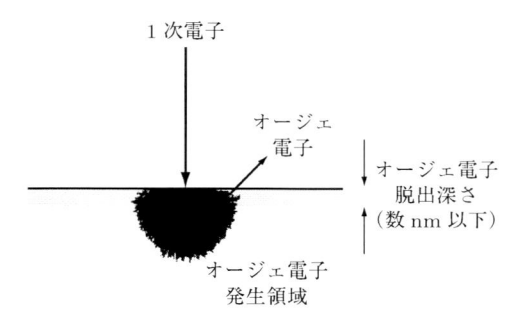

図 4.30 オージェ電子の発生領域と脱出深さ

深いところで発生したオージェ電子は真空中に放出されず,数 nm 以下の浅いところのオージェ電子のみが真空中に放出され,検出される.このような理由により数 nm 以下のごく表面の分析が可能になる.

(5) SPM 法（今後の活躍に期待）

1980 年代に入ってから発明または実現された STM (Scanning Tunneling Microscope,走査トンネル顕微鏡) に代表される SPM (Scanning Probe Microscope,走査プローブ顕微鏡) の系統は,故障解析においてより高い空間分解能をめざすための有力候補である.

故障解析への応用は,STM 以外に,
① **AFM**（Atomic Force Microscope,原子間力顕微鏡），
② MFM（Magnetic Force Microscope,磁気力顕微鏡），
③ SKPM（Scanning Kelvin Probe Microscope,走査ケルビンプローブ顕微鏡），
④ NOM（Near-field Optical Microscope,近接場光学顕微鏡,SNOM とも略さ

れる：Scanning Near-field Optical Microscope），
⑤ **SThM**（Scanning Thermal Microscope，走査熱顕微鏡），
⑥ **SSRM**（Scanning Spreading Resistance Microscope，走査広がり抵抗顕微鏡），
⑦ **SCM**（Scanning Capacitance Microscope，走査静電容量顕微鏡），
⑧ **SNDM**（Scanning Nonlinear Dielectric Microscope，走査非線形誘電率顕微鏡），

などの多くの報告がある．また，SPM 用の導電性探針と EO サンプリング技術[1]を組み合わせることで，高空間分解能かつ高速の電子波形観測を効率よく行う試みもなされている[(1)]．

SPM で用いられるプローブは固体のプローブであるため，観察対象との相互作用がごく表面に限定される．また，プローブの先端は原子レベルまでの微細化が可能であるが，根元側は太いため幾何学的な制限がある．このような理由により，故障解析への応用には制限が多く，まだ，一般に使われる故障解析手法としては定着していない．

詳細は，SPM については参考文献（2）〜（4）を，その故障解析への応用については参考文献（4），（5）を，そのときどきのトピックスは参考文献（6）〜（9）を参照されたい．

---

1) 電気光学（EO）結晶とパルスレーザを組み合わせて，高速電位波形を測定する技術．

第5章 寿命データ解析

寿命 (life) という言葉でよく使われる意味は三つある．
① 使用開始後廃却するまでの期間 (life),
② 耐用寿命 (useful life),
③ 故障寿命 (failure time または time to failure),
である．

　使用開始後，廃却するまでの期間を決定する要因は，信頼性以外であることが多い．携帯電話やパソコンの最近の使われ方が代表的な例である．また，携帯電話やパソコンなどに使われている半導体デバイスも，機能の陳腐化により廃却される場合が多い．

　耐用寿命とは，バスタブ曲線で規定の故障率以下である期間である．その短時間側はスクリーニングにより制御できる．バーンインによるスクリーニングがその代表例である．バーンインとは，一般的にはアイテムをなじませたり，特性を安定させたりする目的で使用前に動作させることをいう．しばしば実際の使用より高温で実施する．バーンインにより初期故障を起こすデバイスを取り除く（スクリーニングする）ことができる．耐用寿命の長時間側は信頼性設計により制御可能である．EM故障を配慮した配線のプロセスおよびレイアウト設計がその代表的な例である．

　故障寿命は故障時間ともいい，使用開始後，故障を起こすまでの時間である．信頼性工学においてはこれが主役である．故障寿命がどのように分布し，どのような環境要因でどう変化するかを知り，制御することが信頼性工学の最終目的である．テスティング，信頼性試験，故障解析，寿命データ解析，信頼性設計，信頼性予測，信頼性管理といった信頼性工学の各種手法は，すべてそのための手段に過ぎない．この章ではこの故障寿命のデータ解析法について学ぶ．

5.1 寿命データ解析の基礎

　この節では，寿命データを解析する際に必要となる基礎的な考え方，用語，寿命分布などについて述べる．

　サンプリングの考え方を述べたあと，サンプリングによるバラツキを実感できるように，コンピュータによる乱数発生でサンプリングを疑似体験する．その後，寿命分布の基礎的用語である故障率，パーセント点，累積故障確率，メディアン寿命，信頼度などについて述べる．最後に，半導体デバイスの寿命分布を近似するために実際に用いられる分布である，指数分布，ワイブル分布，対数正規分布について述べる．

半導体デバイスの信頼性の指標として，故障率とともによく用いられるパーセント点について，少数サンプルでの評価結果を，ワイブル分布で近似するか，対数正規分布で近似するかで大きく推定値が異なることも数値例で示す．

5.1.1 信頼性の用語

信頼性工学一般の用語と半導体デバイスの信頼性用語とを比較した場合，後者の特徴は，冗長系，修理系がないために，これらに関する用語がないことである．また，半導体デバイスにおいては，**寿命分布**の全体は，製品では検討の対象外であり，短時間側の裾の分布だけが検討の対象となる．このため，寿命分布の中央付近に位置する**平均寿命**が代表値にならないのも特徴である．**メディアン寿命**も同じ理由で代表値としての意味はない．ただし，母集団の分布を推定する際には，分布全体に注目する必要がある．メディアン寿命は，半導体デバイスの重要な構成要素のEM寿命の分布としてよく用いられる対数正規分布のパラメータとして意味がある．

信頼性工学で用いられる確率統計関連用語の多くは，信頼性工学固有のものではない．ただ，信頼性工学の立場からみた言葉に言い換えられて用いられている場合がある（累積分布を不信頼度や累積故障確率とよぶ）．

まず，5.1.2項以降に現れる用語を理解するために必要な，確率統計上の基礎概念の解説と定義を以下で行う．

最も基礎となる重要な関数が，故障時間の**確率密度関数**（**p.d.f.**, probability density function）$f(t)$である．ここで，tは故障時間である．$f(t)$は，つぎのように考えると理解しやすい．図5.1（a）に示すヒストグラムでは，横軸に時間，縦軸に故障発生頻度をとり，棒グラフで故障時間の分布を表現している．このヒストグラムにおいて，サンプル数を無限大にし，時間分割の幅を極限まで小さくしたときの，幅のない棒の高さが$f(t)$である（同図（b））．$f(t)$をある時間範囲で積分した値がその時間範囲で故障が起こる確率である．$f(t)$を$t=0$から無限大まで積分すると1になる

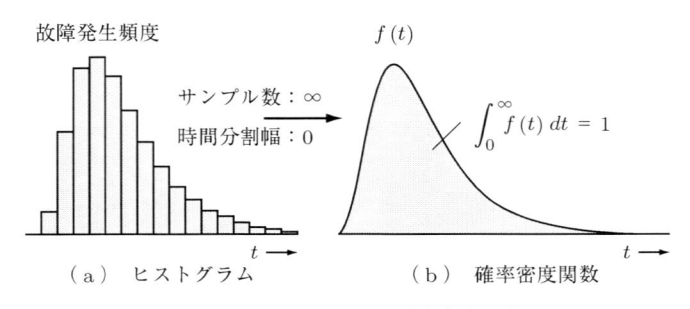

図5.1　ヒストグラムと確率密度関数

(同図参照). これは, 必ずいつかは故障することに対応する. ほかの確率と異なり, 変数 t の範囲は 0 か正であり負の値はとらない.

$f(\tau)$ (τ: 時間を表わす変数) を $\tau = 0$ から t まで積分したものを $F(t)$ と表し, **累積故障確率**あるいは**不信頼度**とよぶ (図 5.2 参照). 確率統計の一般的な用語では, 累積分布関数 (**c.d.f.**, cumulative distribution function) または単に分布関数とよばれるものである. これは, 時間 t までに故障する確率である.

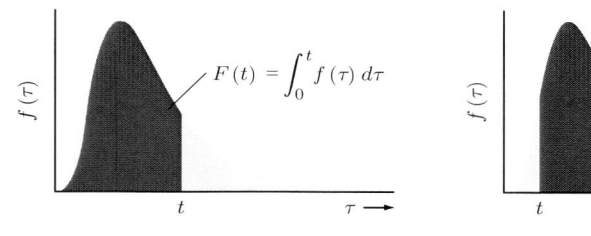

図 5.2 累積故障確率 (不信頼度)　　　　**図 5.3** 信頼度

また, $f(\tau)$ を $\tau = t$ から無限大まで積分したものを $R(t)$ と表し, **信頼度**とよぶ (図 5.3 参照). これは, 時間 t まで故障しない確率である. 半導体デバイスの信頼性に関しては, $R(t)$ は単独ではあまり使われないが, 故障率の定義に現れる.

故障率 $\lambda(t)$ は, ある時間 t において故障していないものが, つぎの単位時間に故障する割合であり, $f(t)/R(t)$ で定義される. たとえば, ある百万個の半導体デバイスを対象に考える. ある時点 t までに百個故障して, つぎの 1 時間で 1 個故障したとすると,

$$F(t) = \frac{100}{1000000} = 0.0001$$

と, この時点での累積故障確率は 100 ppm (parts per million, 100 万分の 1) である.

$$R(t) = 1 - F(t) = 0.9999$$
$$f(t) \fallingdotseq \frac{1}{1000000} = 1 \times 10^{-6}$$

であるから,

$$\lambda(t) = \frac{f(t)}{R(t)} \fallingdotseq \frac{1 \times 10^{-6}}{0.9999} \fallingdotseq 1 \times 10^{-6}/\text{h} = 1000\,\text{FIT}$$

となる. ここで, h は時間, FIT (Failure unIT または Failure In Time) は故障率の単位で $1\,\text{FIT} = 1 \times 10^{-9}/\text{h}$ である. このように, 半導体デバイスは故障しにくいので, 多くの場合, $R(t)$ は上述したように 1 で近似でき, $\lambda(t)$ は $f(t)$ で近似できる.

半導体デバイスの信頼性の指標として，故障率と同程度，使用分野によってはそれ以上によく用いられるのが，**パーセント点**である．x パーセント点 t_x とは，x パーセント故障するまでの時間である．上述のメディアン寿命は 50％点で，t_{50} と表す．信頼性の指標としては，0.1％点 ($t_{0.1}$)，0.01％点 ($t_{0.01}$) などがよく用いられる．$F(t_{50}) = 50\%$，$F(t_{0.1}) = 0.1\%$，$F(t_{0.01}) = 0.01\%$ である．

また，より簡単に，ある時間での累積故障確率を ppm で表す場合も多い．この場合は，上記の信頼性の用語や概念をまったく知らなくても使える．

5.1.2 サンプリングは必須
(1) 抜き取り試験と寿命データ解析

対象となるデバイスをすべて検査せず，その一部をランダムに抜き取って検査することを，**抜き取り検査**（Sampling Inspection）といい，その動作または概念を**サンプリング**とよぶ．ランダムに抜き取りを行うことが重要なので，それを強調してランダムサンプリングともいう．

半導体デバイスの検査には，電気的検査，信頼性検査などがある．電気的検査は自動機によるテストが可能で，全数行う場合が多い．一方，信頼性の検査は破壊検査である場合が多く，またコストもかさむ場合が多いため，通常，サンプリングで行う．

サンプルでの試験結果をもとに，対象となるデバイス全体（母集団という）の寿命分布や，そのパラメータ（母数という）を推定する．母集団は，製造ロットであったり，出荷ロットであったり，あるいは開発中のプロセスのある条件で製造されるもの全体であったりする．

ここでは，抜き取りで行った信頼性試験の結果，得られた寿命データを解析する方法と，注意点について述べる．

寿命データ解析の目的は，ある寿命分布に適合しているかどうかの判定を行い，適合している場合には，その分布のパラメータの推定を行うことである．

寿命データ解析法には，グラフィック解析法と数値解析法とがある．グラフィック解析法を用いると，簡単に分布への適合性の判定が行えるだけでなく，同時にパラメータの推定も行える．グラフィック解析法には，確率プロット法と累積ハザードプロット法とがある．

確率プロット法は，基本的には単一故障原因の完全データと，定数打ち切りデータまたは定時打ち切りデータにしか適用できないのに対して，累積ハザードプロット法は，複数の故障原因がある場合にも，また，データ欠損があるランダム打ち切りデータにも適用可能である．対数正規分布のように，累積ハザードプロット法が困難な分布に対しては，累積ハザード値を累積故障確率に変換したあと，確率プロット法を適

用する．これにより，複数の故障原因がある場合や，ランダム打ち切りデータの場合にも対応できる．数値解析法は，主にパラメータの推定に用いられる．とくに，指数分布であることがわかっている場合の故障率の区間推定によく用いられる．

（2） サンプリングによるバラツキを実感しよう

サンプリングでは，サンプル数（抜き取り数）が少ないと，誤差が大きくなる．一方，サンプル数を多くするとコストがかさむ．この両者のバランスからサンプル数を決定する必要がある．たとえば，EM 試験では，通常，サンプル数 n は，20 程度が用いられている．サンプリングの誤差はコンピュータを使って乱数を発生させ，母数と比較することで簡単に実感できる．

母集団は EM 用の TEG で試験することを想定して，対数正規分布とし，母数としてメディアン寿命 t_{50} を 1，σ を 0.5 とした．図 5.4 に，1 回の試行で得られた 20 個のデータを対数正規確率紙にプロットし，t_{50} と σ を推定した結果を示した．図中の直線は母数の値を示している．図中で示した「ˆ」は「ハット」または「山形」とよび，推定値を表すのに用いる．推定値は，t_{50} ハットなどとよぶ．この記号は省略されることも多い．図中に記したように，この試行では t_{50} および σ の推定値（求め方は 5.3.1 項（2）参照）は，それぞれ 1.3 および 0.67 と，ともに母数の 1，0.5 より 3 割以上も大きい．この例では，母数と推定値がかなり異なる場合を示したが，これが例外的なものではないことは，つぎの 20 回の試行結果をみるとわかる．

このような試行を 20 回行い，横軸に試行の回，縦軸に t_{50} または σ の推定値を図示したものをそれぞれ図 5.5 および図 5.6 に示す．

母数より 2 割程度以上離れている試行が t_{50} では 20 回中 5 回，σ では 20 回中 10 回もある．このようなサンプリングという操作に起因するバラツキを明確に意識して

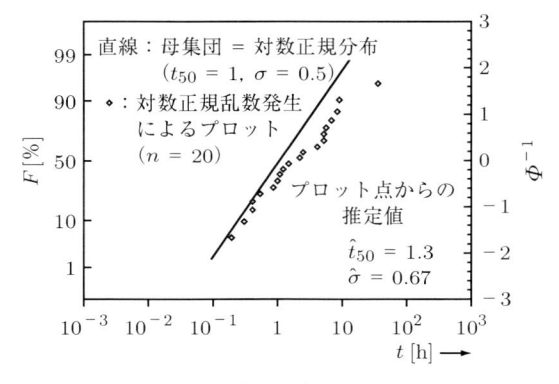

図 5.4 対数正規乱数 20 個を対数正規確率紙にプロットして t_{50} と σ を推定

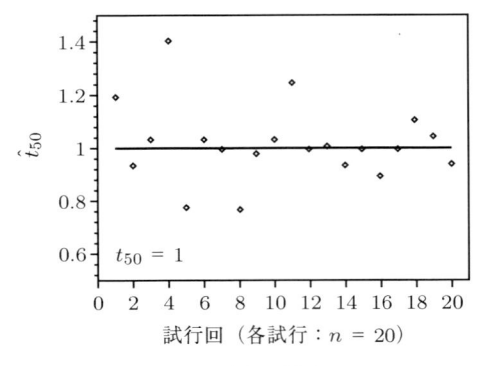

図 5.5 20回の試行で推定された t_{50}

図 5.6 20回の試行で推定された σ

試験を行うことが重要である[1]．

パラメータの推定に際しては，データを確率紙上にプロットすることで，バラツキが目で見えるようになる．また，指数分布に従うことが明確な場合には，区間推定を行えば，推定の確率を定量的に見積もることが簡単にできる．詳細は，確率プロット法，累積ハザードプロット法，数値解析法の項を参照のこと．

5.1.3　寿命分布（寿命は大きくばらつく）

サンプリングの結果が大きくばらつくのは，母集団において，**寿命そのものが広く分布**しているからである．ここでは，その分布について少し詳細に説明する．

（1）　分布の基礎
（a）　故障率 λ

故障率 λ は，信頼性の指標として，半導体デバイスではパーセント点とともによく使われる．ある時点まで動作してきたデバイスが，つぎの単位時間内に故障を起こす割合と定義され，通常，λ で表す．時間の関数である場合は $\lambda(t)$ と記し，故障率関数または瞬間故障率とよばれる．正確な定義は

$$\lambda(t) = \frac{f(t)}{R(t)}$$

である．これに対して，平均故障率は（期間中の総故障数）/（期間中の総動作時間）と定義される．瞬間故障率の実データからの推定値は，累積ハザード値の推定に用いられる．それ以外は，実データとしては平均故障率が使われる場合が多い．ちなみ

---

[1]　対数正規分布の場合のサンプリング誤差についてのより厳密な扱いは，たとえば，参考文献（1）を参照されたい．

に，医療統計の分野では，故障率とはよばずにハザード値 h とよぶ．故障率の累積値が累積ハザード値とよばれるのはこれに由来する．半導体デバイスは，トランジスタや配線といった構成要素の直列系（図 5.7 参照）であることから，その信頼度は，構成要素の信頼度の積で表せる[1]．この関係と，信頼度と故障率の関係から，半導体デバイスの故障率は，以下のように，構成要素の故障率の和で表せる．

$$R(t) = \prod_{i=1}^{N} R_i(t) = \prod_{i=1}^{N} \exp\left(-\int_0^t \lambda_i(\tau)\, d\tau\right)$$

$$= \exp\left(-\int_0^t \sum_{i=1}^{N} \lambda_i(\tau)\, d\tau\right)$$

一方，

$$R(t) = \exp\left(-\int_0^t \lambda(\tau)\, d\tau\right)$$

したがって，

$$\lambda(t) = \sum_{i=1}^{N} \lambda_i(t)$$

ここで，$R(t)$，$\lambda(t)$ は半導体デバイスの信頼度と故障率，$R_i(t)$，$\lambda_i(t)$ は構成要素の信頼度と故障率，N は半導体デバイス中の構成要素の数である．

図 5.7 半導体デバイスは構成要素の直列系

寿命分布が指数分布の場合は故障率が一定である．また，その場合は故障率 λ と平均故障寿命（MTTF）とは，$\lambda = 1/\mathrm{MTTF}$ という，互いに逆数の関係にある．ここで注意をしておきたいのは，半導体デバイスでは故障が起こりにくいため，実際に使用されている期間での故障時間の分布は，寿命分布の短時間側の裾の分布であり，分布の中央に近い MTTF は意味のある指標ではないということである．簡単な例をあげると，故障率 100 FIT の半導体デバイスの MTTF は，計算上は，

$$\frac{1}{1} \times 10^{-7} = 10^7 \text{時間} \approx 1140 \text{年}$$

と出るが，この値は二つの理由で無意味な場合が多い．それは，「1140 年まで使用し

---

[1] 配線系のビアを複数配置するなど，一部冗長系も用いられる場合もあるが，その場合でも複数のビアを一要素とみなせば，直列系となる．ここでは，簡単のためにこれ以上の詳細は説明しない．また，歩留まりを上げるための冗長系も用いられているが，ここではふれない．

ない」ということと「耐用寿命は1140年もないため，そこまで指数分布にはのらない」ということである．

グラフィックな寿命データ解析手法の代表的なものに，故障率を基本に用いてデータ解析を行う，累積ハザード紙法（累積ハザードプロット法）がある．故障率は医学統計の分野ではハザードレートとよばれ，$h(t)$ と記される．そして，$h(\tau)$ を $\tau = 0$ から t まで積分した累積ハザード関数 $H(t)$（図 5.8 参照）は，信頼性の分野でも慣習上，名称および関数表示記号 H がそのまま用いられている．累積ハザード関数を基礎とした累積ハザードプロット法は，累積故障確率を基礎とした確率プロット法より汎用性に富む．すなわち，確率プロット法が単一故障原因の完全データ，定数および定時打ち切りデータに対してのみ適用可能なのに対し，累積ハザードプロット法は，故障原因が多種類混在する場合にも，あるいはデータに欠損がある場合にも適用できる．詳細は 5.3.2 項の累積ハザード値をもとにしたプロット法の項を参照のこと．

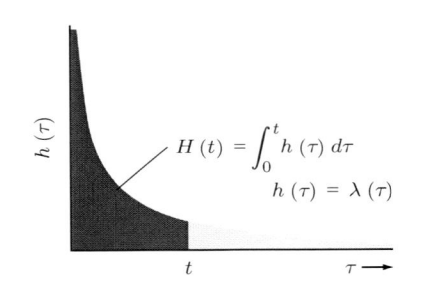

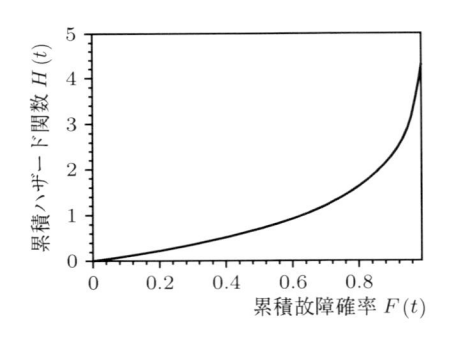

図 5.8 累積ハザード関数 $H(t)$

図 5.9 累積故障確率 $F(t)$ と累積ハザード関数 $H(t)$

つぎに，誤解を招きかねない用語の使い方について言及したい．「累積故障率」という用語が，ときどき「累積故障確率」をさすものとして使われている．本来，「累積故障率」という用語はあまり使われないが，これを文字どおりに解釈すると，故障率を累積したものであるから「累積ハザード関数」のことをさすと解釈するのが最も自然な解釈であろう．そうすると意味がまったく異なるばかりでなく，図 5.9 に示すように値も広い範囲で異なる（累積故障確率 $F(t)$ と累積ハザード関数 $H(t)$ の間には $F(t) = 1 - \exp(-H(t))$ という関係が成り立つ）．このような誤解を招く用法は避けたい．

(b) 累積故障確率 F

累積故障確率とはある時間までに故障したものの，全体に対する割合である．ある時間までに故障する確率にもなっている．

純粋に数理統計の立場からみると，分布関数または累積分布関数（c.d.f.,

cumulative distribution function) とよばれる．このときの確率変数はアイテム[1] の故障寿命である．信頼性の立場からは，累積故障確率，不信頼度（関数），または，故障分布（関数）とよばれ，通常，$F(t)$ で表す．英語では cumulative failure(s)（％）あるいは c.d.f. という表現がよく用いられる．

正確な定義は図 5.10 に示すように，故障時間の確率密度関数を時間 0 から t まで積分したものである．ワイブル確率プロット法や対数正規確率プロット法などでデータ解析を行う際は，この累積故障確率の推定値を縦軸の値として用いる．詳細は 5.3.1 項の確率プロット法の項を参照されたい．

$F(t_p) = p/100$ となる時間 t_p を p パーセント点とよぶ．次項で述べる t_{50} がその代表的なもので，50 パーセント点とよぶ．分野によっては B_{10} という記号で t_{10} を表し，B_{10}（ビーテンライフ）とよんでいる（B は bearing に由来する）．もちろん，半導体デバイスでは，10％も故障するような時間は問題外であり，0.01％故障する時間の $t_{0.01}$ などが使われる．

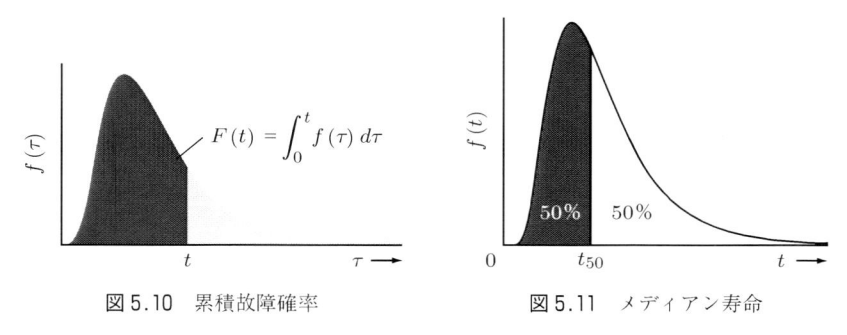

図 5.10　累積故障確率　　図 5.11　メディアン寿命

（c）　メディアン寿命 t_{50}

メディアンは，データを大きさの順番に並べたときにちょうど中央にあたる値で，中央値，中位数，50 パーセンタイル，50 パーセント点ともよばれる．累積分布が 50％となる点である．**メディアン寿命**の略号としては t_{50} が用いられる（図 5.11 参照）．MTF（Median Time to Failure）を略号として用いている場合もあるが，これは MTTF（Mean Time To Failure，平均故障時間）とまぎらわしいので避けたほうがよい．

半導体デバイスが 50％も故障するような時間は，実際は意味はないが，
①　TEG（テスト専用の構造）で試験をする場合，
②　対数正規分布のパラメータとして用いる場合，

---

[1]　信頼性の検討の対象となるものはデバイス，装置，システムなどであるが，とくにそのどれかに限定しない場合，アイテムという言葉を使う．

に使用される.

代表的な故障メカニズムである EM を例にとって，平均寿命とメディアン寿命の値がどの程度違うのかをみておく．Al 配線の EM 故障寿命は，σ が 0.5 から 1 程度の対数正規分布で近似できる場合が多い．対数正規分布の平均寿命は $t_{50} \exp(\sigma^2/2)$ であるから，平均寿命とメディアン寿命との比（MTTF$/t_{50}$）は $\exp(\sigma^2/2)$ であり，t_{50} に依存せず σ のみで決まる．図 5.12 に示すように，σ が 0.5 のときにはこの比は 1.13，σ が 1 のときには 1.65 となる．ちなみに，σ が 2 のときには，この比は 7.4 と急激に大きくなる．

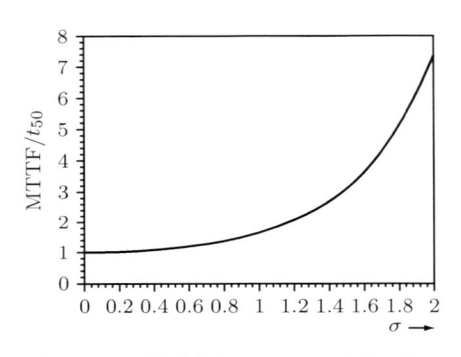

図 5.12 平均寿命とメディアン寿命の比

（d） 平均寿命（半導体デバイスでは無意味）

平均寿命は故障寿命の平均値である．平均故障時間（MTTF）ともよばれる．確率統計的な平均値の定義は，「対象となる変数の期待値」である．一般に，平均値は代表値としての意味をもつが，半導体デバイスの場合の平均故障時間はその意味がない．その理由は，半導体デバイスは故障しにくいため，平均故障時間まで使うことがないからである．また，平均故障寿命をパラメータとするような分布（たとえば，正規分布）も使われない．

故障寿命が指数分布に従う場合には，平均寿命は故障率の逆数として求められる．ただし，これも上述のとおり意味のない値である（前述の（a）故障率の項参照）.

（e） 信頼度 R

信頼度 R は，与えられた条件で規定の期間中において要求された機能を満たす確率である．通常，$R(t)$ で表す．英語では信頼性も信頼度もともに Reliability であるが，信頼性は，能力を定性的に表したものであるのに対して，信頼度は故障時間の確率密度関数を時間 t から ∞ まで積分した値であり定量的である．

半導体デバイスの構成要素は直列系であることと，信頼度が確率であるという性質を利用して，半導体デバイスの信頼度は，構成要素の信頼度の積として求められる.

さらに，信頼度と故障率の関係より，半導体デバイスの故障率はトランジスタ，配線などの構成要素の故障率の和として求められる（前述の（a）故障率の項参照）．

半導体デバイスの信頼性の指標として，信頼度が用いられることはあまりない．理由は定かではないが，桁数が多くなりすぎて煩雑になるためであろう．

（2） 重要な3分布

この項では，寿命分布として重要な3種類の分布について述べる．

（a） 指数分布（故障率が一定）

指数分布は，故障率が一定の場合に適用できる分布であり，バスタブ曲線での偶発故障期間に適用できる．故障が偶発的に起こることと，故障率が一定であることは，数学的にも厳密に対応する．ある一定期間に起こる故障数で表現するとポアソン分布となり，故障の起こる間隔で表現すると指数分布となる．

半導体デバイスの場合にも，出荷後ある期間を経たあとは故障率一定とみなして，指数分布を適用することが多い．

ワイブル分布で形状パラメータ m が1の場合に指数分布となる．

確率密度関数を図5.13に，信頼度関数と累積分布関数を図5.14に示す．故障率関数は一定なので示さない．

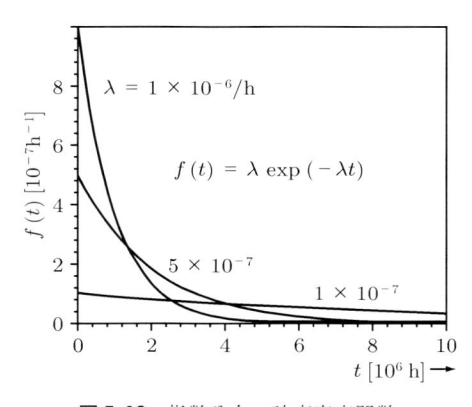

図 5.13 指数分布の確率密度関数 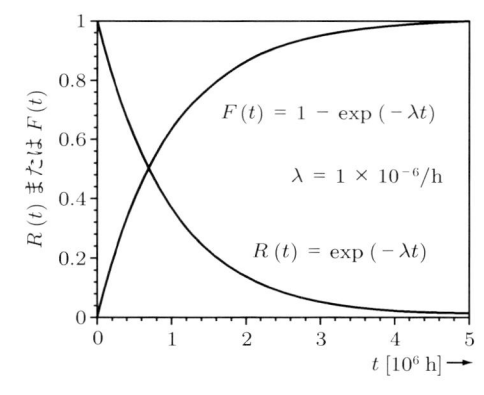　　図 5.14 指数分布の信頼度関数と累積分布関数

指数分布とポアソン分布の関係は重要なので，ここで少し詳しく述べる．

ポアソン分布は，偶発的に起こる現象に対して適用できる離散型の確率分布で，その現象の発生確率 $P(r)$ は，発生件数を r，平均発生件数を m とすると，図5.15のように表せる．平均発生件数により分布が変わるようすも示してある．発生件数ごとの発生確率を縦棒で，その先端を連ねた線を曲線で示してある．この分布は，一定面

積に一定時間内にあたる α 粒子の数や，一枚のウェハー内で偶発的にできた欠陥の数など，一定時間内に起こる現象にも一定空間内に存在する現象にもあてはまる．

これを偶発故障現象にあてはめる．故障時間は指数分布に従い故障率は λ である．ある任意の時間間隔 $(0, t)$ をとったとき，平均の故障件数 m は λt である．その時間の間に r 件の故障が起こる確率 $P(r)$ は，図 5.15 中の式に代入して，$P(r) = (\lambda t)^r \exp(-\lambda t)/r!$ となる．ここで信頼度を考える．信頼度は時間 0 から t までの間で故障しない確率である．これは $P(r)$ で，$r = 0$ とおけばよい．すなわち，

$$P(0) = \frac{(\lambda t)^0 \exp(-\lambda t)}{0!} = \exp(-\lambda t)$$

である．これを時間の関数とみれば，図 5.14 中に記した指数分布の信頼度関数そのものである．

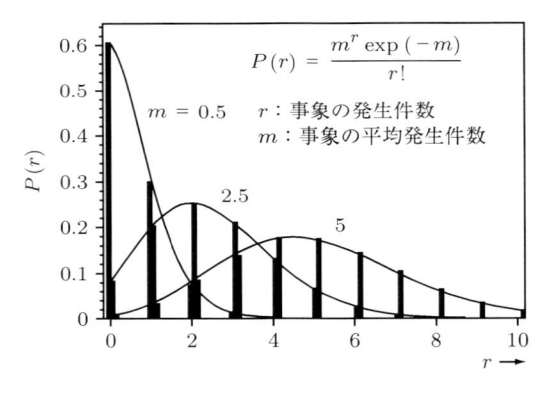

図 5.15　ポアソン分布

（b）ワイブル分布（広い範囲に適用）

ワイブル分布は，スウェーデンのワイブル（W. Weibull，1887〜1979 年）により，1939 年に材料の強度分布に適用され，1951 年に寿命分布に適用された分布である．パラメータを変化させることで形状が多様に変化し，多くの種類のデータを近似できるので，幅広い分野で使われている．半導体デバイスでも TDDB 故障に対して適用されるだけでなく，半導体デバイスとしての故障の分布を近似するのによく使われる．

確率密度関数よりも信頼度関数のほうが簡単な形をしており，図 5.16 中に示した式のように表せる．パラメータは，尺度パラメータ η と形状パラメータ m である．時間 t の原点をずらす位置パラメータ γ が必要な場合もある．この図には，信頼度関数に関して，形状パラメータ m の値を 0.2 から 5 まで変えたときに分布の形がどう変わるかも示している．また，形状パラメータの値によらず 1 点（$t = \eta = 1 \times 10^6$

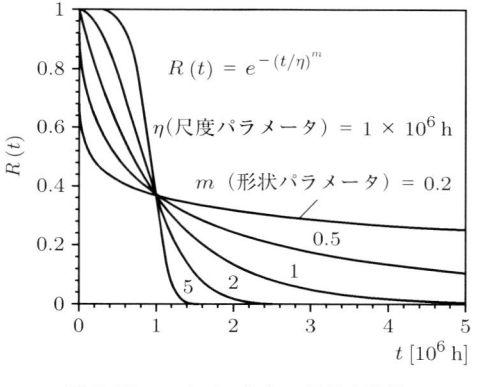

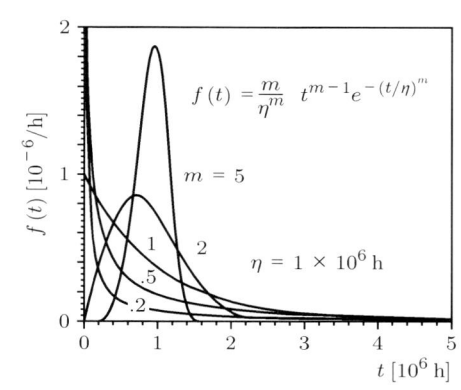

図 5.16 ワイブル分布の信頼度関数

図 5.17 ワイブル分布の確率密度関数

時間, $R(\eta) = 1/e = 0.368$) で交わるようすもわかる. 図 5.17 に, 確率密度関数とその形状が m の値によって変わるようすを示す. m の値が 5 のときには正規分布に近い形状をしていることもわかる. 図 5.18 には, 故障率関数の形状が m の値によってどう変わるかを示す. m の値が 1 より小さいときは単調減少で, 1 より大きいときには単調増加であるようすがわかる. とくに, m が 2 のときには故障率関数が時間に比例して増加することや, m が 1 の場合は指数分布になり, 故障率は一定であることもわかる.

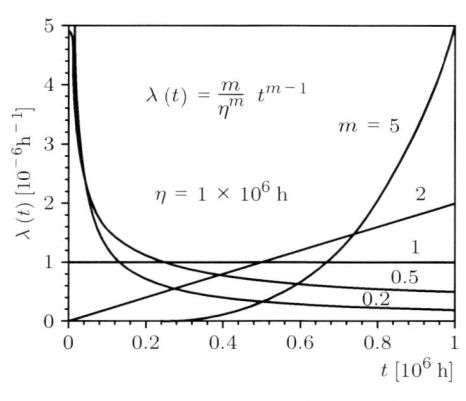

図 5.18 ワイブル分布の故障率関数

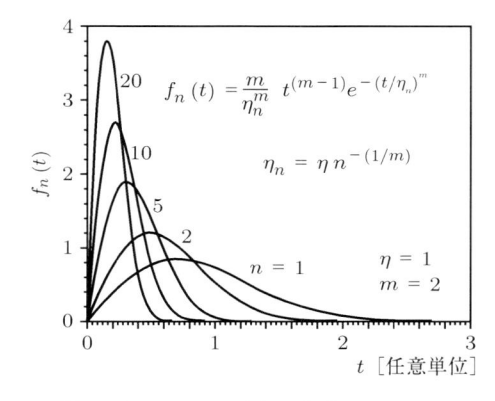

図 5.19 ワイブル分布の直列システムはワイブル分布

図 5.16 に示した式の信頼度関数の関数形をみるとわかるとおり, 同じパラメータ値をもつ構成要素が直列系でシステムを構成し, 互いに独立であるとすると, そのシステムの寿命分布もワイブル分布である. これを具体的な式で示すと以下のようになる.

$$R_n(t) = \prod_{i=1}^{n} R_i(t) = \exp\left\{-n\left(\frac{t}{\eta}\right)^m\right\} = \exp\left\{-\left(\frac{t}{n^{-\frac{1}{m}}\eta}\right)^m\right\}$$

図 5.19 に，構成要素が 1 から 20 の場合に確率密度関数が変わるようすを示す．

このような性質を利用して，EM 故障をモデル化している例もある．そこでは，配線を長さ方向に小さな構成要素に分割し，配線全体をその構成要素の直列系のシステムと考えている．このモデルは数学的には整合性があるが，構成要素が必ずしも独立ではなく，EM 故障の寿命分布が，ワイブル分布でよく近似できるわけではないということから，一般性はない．一方，EM 故障の分布がよく近似できる対数正規分布では，ワイブル分布のような再帰性はないので，上記の直列系モデルとの整合性はない．

このような不整合を解決するための現実的近似解として，信頼度関数を対数正規分布の信頼度関数のべき乗で表すマルチ対数正規分布を用いたモデルも提案されている．このモデルの場合でも，そもそも直列モデルが成立する前提条件として，各構成要素が独立である必要があるが，配線を分割した場合にこの独立性が成立しているとは限らないという問題は残る．マルチ対数正規分布の例は，つぎの（c）対数正規分布の項を参照されたい（図 5.26 参照，図 5.19 の場合と形状が近くなるようにパラメータを選んで示してある（$m=2$ と $\sigma=0.7$））．

ワイブル分布への適合性と，適合した場合のパラメータの推定には，ワイブル確率プロット法やワイブル型累積ハザードプロット法が用いられる．

ワイブル分布の場合の p パーセント点 t_p は，

$$F = 1 - \exp\left(-\left(\frac{t}{\eta}\right)^m\right)$$

を t について解くと，

$$t = \eta \exp\left(\frac{1}{m}\ln(-\ln(1-F))\right)$$

となるので，

$$t_p = \eta \exp\left(\frac{1}{m}\ln\left(-\ln\left(1-\frac{p}{100}\right)\right)\right)$$

を計算することで，容易に得られる．

p パーセント点の例として，1.2.3 項の例を用いる．この例は，少数サンプルでは対数正規分布で近似できるかワイブル分布で近似できるかが，明確でなかったものである．20 個のサンプルから推定したワイブル分布のパラメータは $\eta = 1.521 \times 10^6$ 時間，$m = 1.789$ であった．この値を用いて 0.01 パーセント点を求めると，

$$t_{0.01} = \eta \exp\left(\ln \frac{\left(-\ln\left(\frac{1-p}{100}\right)\right)}{m}\right)$$

$$= 1.521 \times 10^6 \text{ 時間} \times \exp\left(\ln \frac{\left(-\ln\left(\frac{1-0.01}{100}\right)\right)}{1.789}\right)$$

$$= 8.84 \times 10^3 \text{時間}$$

である．つぎの（c）項での対数正規分布で近似した計算結果と比べると，一桁小さいことがわかる（図 5.20 参照）．

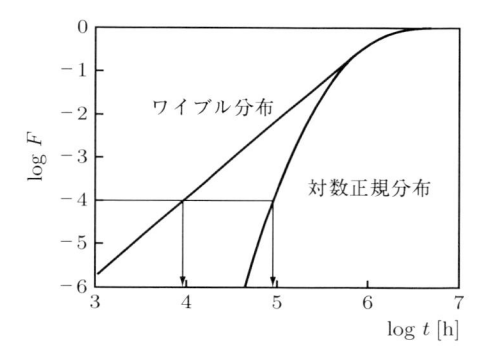

図 5.20 同一少数サンプル（$n = 20$）から推定したワイブル分布と対数正規分布の 0.01 パーセント点の比較

（c） 対数正規分布（主に EM 故障に適用）

対数正規分布は EM に起因した故障の，故障時間分布を近似するためによく用いられる．半導体デバイスとは関係はないが，修理系の装置やシステムの事後保全（修理）の時間も，対数正規分布に従うことが知られている．確率密度関数を図 5.21 に示す．パラメータはメディアン寿命 t_{50} と形状パラメータ σ である．記号 σ を用いているが，標準偏差ではないので注意すること．時間 t の原点をずらす位置パラメータ γ が必要な場合もある．

対数正規分布は，時間の対数を変数にすると，図 5.22 のように正規分布になる．正規分布は，発見者のガウス（C. F. Gauss, 1777 ～ 1855 年）にちなんでガウス分布ともよばれる．あるいはランダムに入り込む誤差の分布でもあるため，誤差分布ともよばれる．最も知られた連続分布ではあるが，半導体デバイスの故障時間の分布としては使われない．パラメータは平均 μ と標準偏差 σ で，対数正規分布のパラメータとの対応は，$\mu = \ln t_{50}$ であり，σ は共通である．ただし，前述のとおり，σ は対数正

図 5.21 対数正規分布の確率密度関数

$$f(t) = \frac{\exp\left[-\frac{1}{2}\frac{(\ln t - \ln t_{50})^2}{\sigma^2}\right]}{\sqrt{2\pi}\sigma t}$$

t_{50}：メディアン寿命
σ：形状パラメータ
$t_{50} = 1 \times 10^6$ h
$\sigma = 0.5$

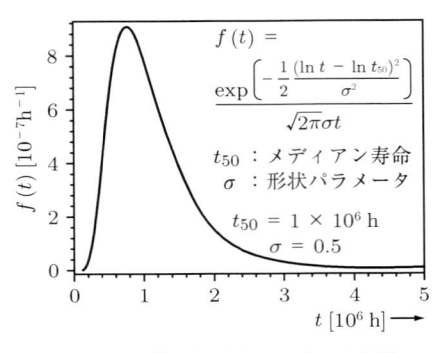

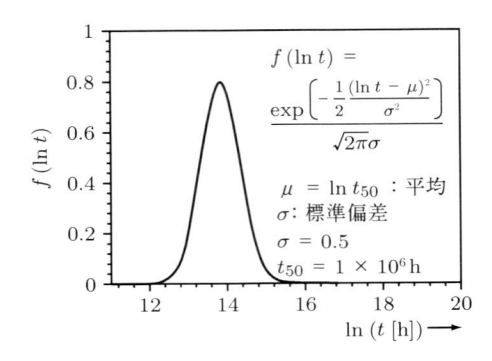

図 5.22 対数正規分布は時間の対数を変数にすると正規分布

$$f(\ln t) = \frac{\exp\left[-\frac{1}{2}\frac{(\ln t - \mu)^2}{\sigma^2}\right]}{\sqrt{2\pi}\sigma}$$

$\mu = \ln t_{50}$：平均
σ：標準偏差
$\sigma = 0.5$
$t_{50} = 1 \times 10^6$ h

規分布の場合には標準偏差ではないので注意すること．また，対数正規分布の場合には，変数が $\ln t$ ではなく t であるため，正規分布にはない $1/t$ がつく．

パラメータの値とともに分布がどう変化するかをみてみる．図 5.23 が確率密度関数，図 5.24 が累積分布関数，そして図 5.25 が故障率関数で，それぞれその形状が形状パラメータ σ の値とともにどう変わるかを示したものである．図 5.24 の累積分布関数では，σ の値によらず 1 点（$t = t_{50} = 1 \times 10^6$ 時間，$F(t_{50}) = 0.5$）で交わっているのがわかる．図 5.25 の故障率曲線では，ワイブル分布のように必ずしも単調増加や単調減少というわけではなく，また切り替わりも明確ではないが，σ が 1 から 2 付近に増加と減少の境目があるようすがわかる．この図では，σ が 2 の場合のみにそのようすがわかるが，σ の値によらず単調増加領域，最大値，単調減少領域があるので，分布をあてはめる際は，近似する領域も考慮して分布を選ぶ必要がある．

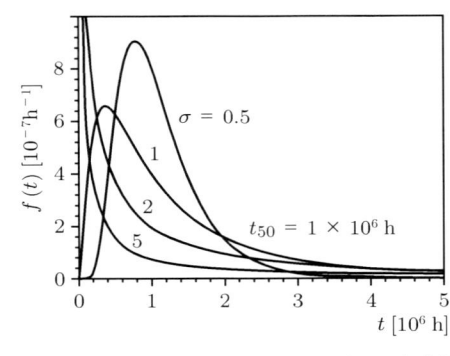

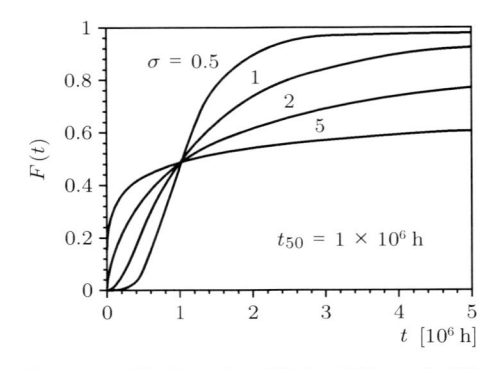

図 5.23 対数正規分布の確率密度関数の σ 依存性

図 5.24 対数正規分布の累積分布関数の σ 依存性

前述したように，構成要素が信頼性上直列に接続されたシステムの信頼度は，各要素の信頼度の積で表せる．各構成要素のパラメータが等しい場合には要素数をべき項

とするべき乗で表せ，対数正規分布の場合，これをマルチ対数正規分布とよぶ．マルチ対数正規分布の構成要素数依存性を図 5.26 に示す．EM 故障をこの分布で近似しようとする試みもなされている（5.1.3（2）(b) ワイブル分布の項参照）．

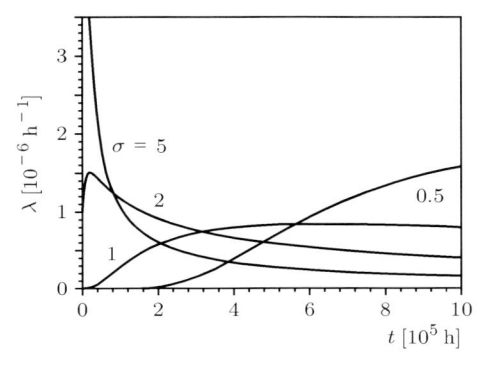

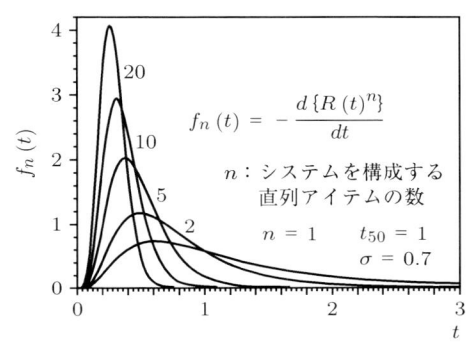

図 5.25 対数正規分布の故障率関数の σ 依存性 **図 5.26** マルチ対数正規分布の構成要素数依存性

対数正規分布の場合の p パーセント点 t_p は，つぎのようにして得られる．基準化偏差 $x = (\ln t - \ln t_{50})/\sigma$ が標準正規分布 Φ に従うという性質を利用して，この式を変形すると，$t = t_{50} \exp(\sigma x)$ となるから，$t_p = t_{50} \exp(\sigma x_p)$ より t_p が求められる．ここで，x_p は p パーセント点に対応する基準化偏差であり，$x_p = \Phi^{-1}(p/100)$（Φ^{-1} は標準正規分布の逆関数）である．たとえば，$x_{0.1} = -3.090$，$x_{0.01} = -3.719$，$x_{0.001} = -4.265$ である．

p パーセント点の例として，1.2.3 項の例を用いる．この例は，少数サンプルでは対数正規分布で近似できるかワイブル分布で近似できるかが，明確でなかったものである．20 個のサンプルから推定した対数正規分布のパラメータは $t_{50} = 1.135 \times 10^6$ 時間，$\sigma = 0.686$ であった．この値を用いて 0.01 パーセント点を求めると，

$$t_{0.01} = t_{50} \exp(\sigma x_{0.01})$$
$$= 1.135 \times 10^6 \text{時間} \times \exp(0.686 \times (-3.719))$$
$$= 8.85 \times 10^4 \text{時間}$$

である．

5.1.3 項（2）(b) でのワイブル分布で近似した計算結果と比べると，すでに図 5.20 で示したように，一桁大きいことがわかる．ちなみに，1.2.3 項で示したように，10^4 時間における故障率ではワイブル分布のほうが 8.4×10^6 倍大きい．

5.2 寿命データ解析の流れ

前節では,寿命データ解析に必要な基礎的な事項を述べた.次節以降では,実際に寿命データ解析に用いられる手法を個々に解説する.この節ではそれぞれの手法の詳細に入る前段階として,寿命データ解析の全体像を説明する.

寿命データを解析する方法には,グラフィックデータ解析法と,**数値データ解析**法とがある.ここではグラフィックなデータ解析法について述べる.

図 5.27 を参照しながら,寿命データ解析の流れをみていく.

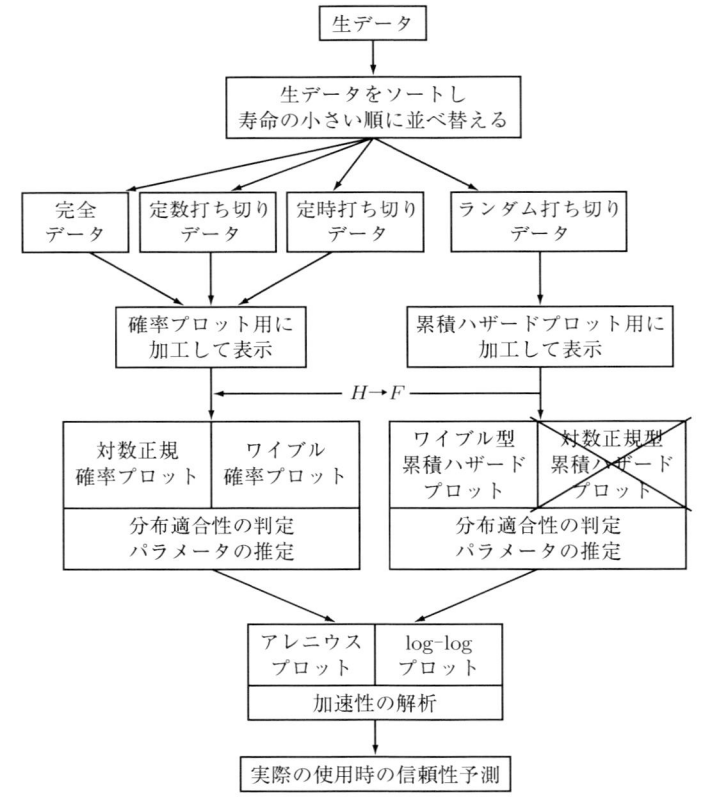

図 5.27 寿命データ解析の流れ

まずは,生のデータをそのまま表示する.生データも市場で取られたデータは,その解析法が複雑になるので,ここでは加速寿命試験により得られたデータをもとに話を進める.

つぎに,生データをソートし,寿命の短い順に並べ替える.そして,寿命データの

種類によって，確率プロットを行うのか，累積ハザードプロットを行うのかを決める．完全データ，定数打ち切りデータ，定時打ち切りデータは**確率プロット**を行う．ランダム打ち切りデータの場合は**累積ハザードプロット**を行う．ランダム打ち切りデータでも，Hの値をFに変換することで，**確率プロット**することもできる．ワイブル分布以外は累積ハザードプロット法が開発されていないので，この方法を用いる．

つぎに，決めた方法でワイブルプロットや対数正規プロットを行い，分布の適合性を判断する[1]．すでに対象となる寿命データを近似する理論分布がわかっている場合には，その分布に対応するプロットのみを行う．つぎに，プロット結果から，分布のパラメータを推定する．

温度や電流密度といったストレス条件を何通りか選び，加速寿命データを取得した場合には，**アレニウスプロット**や**両対数プロット**などにより，仮定した加速性への適合性を判断し，加速のパラメータを求める．

最後に，以上の結果をもとに，実際の使用条件での信頼性予測を行う．

つぎに，寿命データの種類と解析方法について，もう少し詳しくみていく．

生データの典型的な例を表5.1に示す．生データでは，通常，サンプル番号と故障時間が対応づけられている．この例では，サンプル番号1番のデータが913時間，20番のサンプルが2023時間で故障している（表では時間の単位は省略）．

表5.1 生データの例

サンプル	故障時間	サンプル	故障時間
1	913	11	725
2	793	12	781
3	818	13	1516
4	968	14	415
5	1076	15	509
6	1394	16	2407
7	396	17	1559
8	1344	18	944
9	1141	19	1203
10	1391	20	2023

データ解析の最初にこのデータをソートし，時間の短いものから順に並べる．

表5.2がソートしたあとのデータの例で，各故障の故障モード[2]も付記してある．故障順位1番が396時間で故障し，故障モードはaである．故障順位20番が2407

---

[1] 半導体デバイスの場合には，この二つの理論分布のどちらかで近似できる場合が多いので，ここでは二つの理論分布のみをあげたが，必要に応じてほかの理論分布も用いる．
[2] 実際は，故障モードと故障メカニズムがともに同じものを同一カテゴリーにする必要がある．ここでは簡単のために，故障モードと記した．

時間で故障し，やはり故障モードはaである．この例では，すべての故障は同一の故障モードである．このように，すべてのサンプルが故障し，その故障メカニズムおよび故障モードが同一であるような場合のデータを，**完全データ**という．

表5.2 完全データの例（ソート後）

故障順位	故障時間	故障モード	故障順位	故障時間	故障モード
1	396	a	11	1076	a
2	415	a	12	1141	a
3	509	a	13	1203	a
4	725	a	14	1344	a
5	781	a	15	1391	a
6	793	a	16	1394	a
7	818	a	17	1516	a
8	913	a	18	1559	a
9	944	a	19	2023	a
10	968	a	20	2407	a

表5.3の例では，故障順位11番以降がすべて1000時間で打ち切られている．このようなデータを**定時打ち切りデータ**という．評価日程に期限がある場合は，このように時間を決めて打ち切ることが多い．

表5.3 定時打ち切りデータの例（ソート後）

故障順位	故障時間	故障モード	故障順位	故障時間	故障モード
1	396	a	11	1000	o
2	415	a	12	1000	o
3	509	a	13	1000	o
4	725	a	14	1000	o
5	781	a	15	1000	o
6	793	a	16	1000	o
7	818	a	17	1000	o
8	913	a	18	1000	o
9	944	a	19	1000	o
10	968	a	20	1000	o

［注］ o：打ち切り

表5.4の例では，10番目のデータが得られた時点で試験を打ち切っている．したがって，10番目以降の順位のデータは，すべて10番目のデータと同じ968時間である．ただし，10番目のデータは故障モードがaであるのに対して，11番目以降のデータはすべて打ち切りデータである．試験結果による推定の精度をあらかじめ決めて試験する場合には，このように**定数打ち切り**データを得る[1]．

---

1) 本書では，打ち切り数による推定精度の違いについては，定量的にはふれない．定量的な扱いは，対数正規分布については，参考文献（1）を参照されたい．

表5.4 定数打ち切りデータの例（ソート後）

故障順位	故障時間	故障モード	故障順位	故障時間	故障モード
1	396	a	11	968	o
2	415	a	12	968	o
3	509	a	13	968	o
4	725	a	14	968	o
5	781	a	15	968	o
6	793	a	16	968	o
7	818	a	17	968	o
8	913	a	18	968	o
9	944	a	19	968	o
10	968	a	20	968	o

［注］ o：打ち切り

さて，表5.2〜5.4で，それぞれ完全データ，定時打ち切りデータ，定数打ち切りデータをみてきたが，これらのデータはすべて確率プロットによる解析が可能である．つぎに述べるランダム打ち切りデータの場合とは異なり，確率プロットを用いれば，信頼区間の表示も可能である．

つぎは，最後の例である**ランダム打ち切りデータ**[1]について，表5.5を参照しながら述べる．この表をみると，**一見完全データ**のようにみえるが，よくみると故障モードが二通り混在している．第1順位と第2順位は故障モードがaであるが，第3順位は故障モードがbである．全体で故障モードbの故障が5個あり，ほかは故障モードaである．このようなデータは，故障モードaに対する解析と故障モードbに対

表5.5 ランダム打ち切りデータの例（ソート後）
（故障モードが二つの場合）

故障順位	故障時間	故障モード	故障順位	故障時間	故障モード
1	396	a	11	1076	b
2	415	a	12	1141	a
3	509	b	13	1203	a
4	725	a	14	1344	a
5	781	a	15	1391	b
6	793	a	16	1394	a
7	818	b	17	1516	b
8	913	a	18	1559	a
9	944	a	19	2023	a
10	968	a	20	2407	a

---

[1] 本書では，「ランダム打ち切りデータ」という呼び方は，「完全データ」，「定時打ち切りデータ」，「定数打ち切りデータ」以外のデータの総称として使っている．したがって，必ずしも「ランダム」には打ち切られていないものも含まれる．本書の範囲内では，このような区分でも問題は生じない．

する解析を別々に行う必要がある．その際，**対象となる故障モード以外の寿命データは打ち切りデータ**として扱う．

それは，つぎのような理由による．あるサンプルに着目すると，故障モード a で故障するか，故障モード b で故障するかは故障が起こるまでわからない．故障モード a で故障した場合には，故障モード b に関しては，そこで観測が打ち切られたことになる．逆に，故障モード b で故障した場合には，故障モード a に関しては，そこで観測が打ち切られたことになる．このように考えると，対象となる故障モード以外の故障モードは打ち切りデータとみなす理由が理解できる．

さて，故障モード a に着目して表 5.5 を書き直すと表 5.6 となる．同様に，故障モード b に着目すると，表 5.7 となる．

表 5.6 ランダム打ち切りデータの例（ソート後）
（故障モード a に着目）

故障順位	故障時間	故障モード	故障順位	故障時間	故障モード
1	396	a	11	1076	o
2	415	a	12	1141	a
3	509	o	13	1203	a
4	725	a	14	1344	a
5	781	a	15	1391	o
6	793	a	16	1394	a
7	818	o	17	1516	o
8	913	a	18	1559	a
9	944	a	19	2023	a
10	968	a	20	2407	a

[注] o：打ち切り

表 5.7 ランダム打ち切りデータの例（ソート後）
（故障モード b に着目）

故障順位	故障時間	故障モード	故障順位	故障時間	故障モード
1	396	o	11	1076	b
2	415	o	12	1141	o
3	509	b	13	1203	o
4	725	o	14	1344	o
5	781	o	15	1391	b
6	793	o	16	1394	o
7	818	b	17	1516	b
8	913	o	18	1559	o
9	944	o	19	2023	o
10	968	o	20	2407	o

[注] o：打ち切り

もちろん，人為的にランダムに打ち切られたデータも，事故でランダムに打ち切られたデータもともにランダム打ち切りデータである．

これらのランダム打ち切りデータは，累積ハザードプロット法により解析を行う．ただし，累積ハザードプロット法が実行できるのはワイブル分布に対してだけである．対数正規分布などに対しては，累積ハザード値の推定値を求めたあと，それを累積故障確率に変換し，確率プロットを行う．

さて，次節以降で個々の解析法について詳しく説明する．

5.3 プロット法（グラフィックな解析法）

表 5.8 に各種プロット法を比較して示す．この後（5.3.1 〜 5.3.2 項）そのときどきに参考にされたい．

表 5.8 各種プロット法の比較

プロット法	理論分布	使用する用紙	縦軸	縦軸の求め方	主な適用場面
ワイブル確率プロット法	ワイブル分布	ワイブル確率紙	F の推定値	メディアンランクまたは平均ランク	TDDB 故障の TEG での試験データ
対数正規確率プロット法	対数正規分布	対数正規確率紙	F の推定値	メディアンランクまたは平均ランク	EM 故障の TEG での試験データ
ワイブル型累積ハザードプロット法	ワイブル分布	ワイブル型累積ハザード紙	H の推定値	ハザード値 (h) の累積和 (H)	半導体デバイスの故障データ
累積ハザード値を累積故障確率に変換後確率プロットする方法	対数正規分布	対数正規確率紙	F の推定値	H を F に変換した値	EM 故障の TEG でのサドンデス試験データ
	ワイブル分布	ワイブル確率紙	F の推定値	H を F に変換した値	半導体デバイスの故障データ

5.3.1 確率プロット法（素性のよいデータに）

グラフィックに寿命データを解析するように設計された用紙には確率紙と累積ハザード紙がある．縦軸が確率のものが確率紙，縦軸が累積ハザード値のものが累積ハザード紙である．縦軸（y 軸）に累積故障確率 F を，横軸（x 軸）に時間 t を割りあて，データをプロットしたあと，そのデータ点列に適合する直線を目の子（目分量）で引き，データ点列の直線へのあてはまり具合から分布への適合性を判断し，定規の操作と線引きのみから母数を推定することができる．このように確率紙を用いた解析法を**確率プロット法**とよぶ．現在では，同様の操作をパソコンで行うことが多いが，

その場合でも，あくまでもグラフィックに解析を行っているのであり，数値解析法とは異なる．

ここでは，**確率紙に共通の考え方**を説明する．半導体デバイスに関連した解析でよく使われるワイブル確率紙と対数正規確率紙については，その構成と使い方を別項目で個々に説明する．

この方法は，完全データだけでなく，定時打ち切りデータ，定数打ち切りデータへの適用も可能である．累積ハザード関数 $H(t)$ と累積故障確率 $F(t)$ の関係 $F(t) = 1 - \exp(-H(t))$ を利用して，$H(t)$ の推定値から $F(t)$ の推定値を計算し，その値を打点に用いることで，ランダム打ち切りデータへの適用も可能になる．

累積故障確率および時間の y 軸と x 軸への目盛りづけは，対応する分布がグラフ上で直線になるように行う．これが直線であることで，分布への適合性の判断を目で見て容易に行うことが可能になる．また，定規の操作と線引きのみでのパラメータの推定が可能になる．

プロットすべきデータ点の x 座標は，寿命データそのものである．データ点の y 座標は F の推定値を用いる．F の推定値としてよく用いられるものはメディアンランクと平均ランクである[1]．メディアンランクは $(i-0.3)/(n+0.4)$ でよく近似でき，平均ランクは $i/(n+1)$ で厳密に与えられる．ここで，n は故障していないものも含めた全サンプル数，i は故障時間を小さいものから大きさの順に並べたときの順位である．

確率紙の具体的な構成と使用法は，このあとの（1）項のワイブル確率プロット法と，（2）項の対数正規確率プロット法を参照されたい．

（1） ワイブル確率プロット法

ワイブル分布への適合性の判定を行ない，適合と判断できた場合に使う，パラメータの推定を行えるように設計されたグラフ用紙のうちで，累積故障確率をもとに打点を行える構成の用紙を，ワイブル確率紙という．また，ワイブル確率紙を用いた解析法を**ワイブル確率プロット法**という．

---

[1] n 個の故障時間を小さいものから大きさの順に並べ替えたものを $t_1, t_2, \cdots, t_i, \cdots, t_n$ とする．これらを順序統計量として扱うと，$F(t_i)$ のパーセント点や平均はもとの分布とは無関係で，サンプル数 n と順位 i のみで決まる．$F(t_i)$ の p パーセント点を p パーセントランク，50 パーセント点をメディアンランク，平均を平均ランクとよぶ．データ点の y 座標として両側のパーセント点をプロットすることで，信頼区間を表示することができる．たとえば，10 パーセント点と 90 パーセント点を打点することで，80%の信頼区間を表示できる．具体例は参考文献（1）を参照のこと．また，パーセントランクの値および求め方は参考文献（2）を参照のこと．

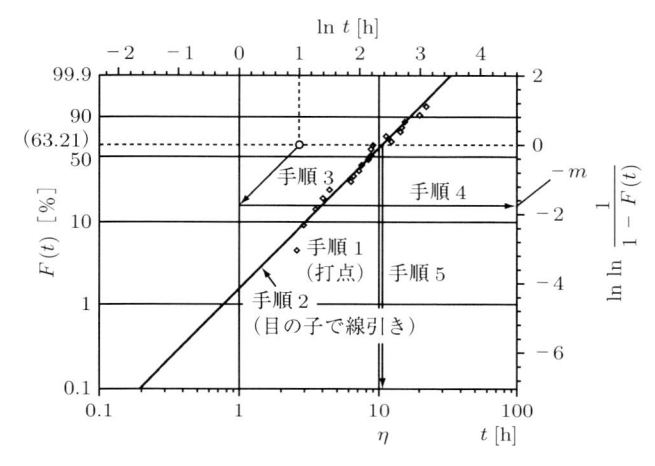

図 5.28 ワイブル確率紙の構成とプロットの手順

ワイブル確率紙の構成と使い方を，図 5.28 をもとに説明する．
ワイブル分布の累積分布関数 $F(t)$ を表す式

$$F(t) = 1 - \exp\left[-\left(\frac{t}{\eta}\right)^m\right]$$

を変形すると，

$$\ln\ln\frac{1}{1-F(t)} = m\ln t - m\ln\eta \tag{5.1}$$

を導くことができる．ここで，m は形状パラメータ，η は尺度母数である．

この式 (5.1) の左辺を y 軸にとり，$\ln t$ を x 軸にとると，ワイブル分布は直線になり，傾きが m，$y=0$ のときの t の値が η となる．このような性質を利用してワイブル確率紙を構成し，データ点から m と η を推定する．

まずワイブル確率紙の構成法を説明する．x 軸が対数尺，y 軸が普通尺で目盛りがつけられたグラフ用紙を用意する．グラフの下側の x 軸に t を 0.1，1，10，100 と目盛りをつける．上側の対応する箇所に $\ln t$ の値を -2 から 4 まで目盛りをつける．たとえば，上側の目盛りの $\ln t = 0$，1，2 に対応した t は，おのおの $\exp(0) = 1$，$\exp(1) = 2.72$，$\exp(2) = 7.39$ である．つぎに，y 軸の右側に等間隔に -7 から 2 まで目盛りをつける．これは，$F(t)$ ではほぼ 0.1% から 99.9% に対応する．$F(t)$ の値を y 軸の左側に目盛りをつける．図 5.28 は説明用なので目盛りはあまり細かく目盛りづけしていないが，実際の確率紙[3] では右側は 0.1 刻みである．左側は 50% 付近の最も粗いところで 2% 刻み，0.1% 付近の最も細かいところで 0.01% 刻みで目盛

りをつけてある．最後に $\ln\ln(1/(1-F(t)))=0$ の横線を点線または破線で引き，$\ln t=1$ と $\ln\ln(1/(1-F(t)))=0$ が交差する点に丸印を付けて，確率紙ができあがる．

つぎに，ワイブル確率紙の使い方を説明する．解析手順の概要を，図 5.28 に手順 1～5 と示した．

手順 1 まず，データ点（t_i，$F(t_i)$ の推定点）を打点する．寿命データ t_i が $t=0.1$ ～ 100 の範囲に入らない場合は下の x 軸の目盛りを 10 のべき乗倍ずらせば，目盛りの数字を書きかえるだけでそのまま使える．F の推定点にはメディアンランクまたは平均ランクを用いる．メディアンランクは $(i-0.3)/(n+0.4)$ でよく近似でき，平均ランクは $i/(n+1)$ で厳密に与えられる．ここで，n は故障していないものも含めた全サンプル数，i は故障時間を小さいものから大きさの順に並べたときの順番である．メディアンランクと平均ランクのどちらを使うかは，場合により異なる．一般には，サンプル数が 20 以下の場合はメディアンランクを使ったほうがよい．複数のデータセットを比較するときには，同じランクで打点したもので比較したほうがよい．

手順 2 つぎに，目の子（目分量）で直線をあてはめる．このとき，通常の実験値への直線のあてはめと異なる点がある．縦軸の $F(t)$ の値の目盛りの密度をみるとわかるとおり，50%付近（図 5.28 ではわからないが，実際は 30%から 90%）が最も密度が高く，その範囲より外では密度が低い．したがって，この範囲の外側では，データ点のバラツキが大きくなる（サンプリングによるバラツキ）．このことを理解し，直線のあてはめにおいては 30%から 90%の範囲のデータ点に重きをおき，その範囲外のデータ点の重みは低くする必要がある．この点を考慮すると，パソコンで直線をあてはめるときも，直線のあてはめだけは目の子であてはめをすることが望ましい．たとえば，Ecxel を用いる場合には，一度，最小二乗法であてはめ線を求め，パラメータを推定したあと，そのパラメータでの直線をもとに，パラメータを少しずつ変えながら線を引けば，目の子であてはめができる．また，図 5.28 のデータはよく直線にのっているが，実際のデータは，この程度の少数データでは，サンプリングによるバラツキにより，これほどのらないことも多い（5.1.2 項（2）の「サンプリングによるバラツキを実感しよう」を参照）．A4 横長で図 5.28 のような目盛りで構成した確率紙を用いたとき，データ点が鉛筆の軸に隠れる程度のバラツキなら，よくのっているとみなしてよい，というのが大まかな判断基準である．

手順 3 つぎに，この直線から m と η を推定する．m はこの直線の傾きであるから，

同じ傾きのほかの直線の傾きを求めてもよい．$\ln t = 1$ と $\ln\ln(1/(1-F(t)))$ $= 0$ が交差する点（図の丸印）を通り，手順2の直線に対して平行な線を引く．
手順4 この直線が $\ln t = 0$ と交わる点から水平に右側に線を引き，y 軸と交わった点の値 $-m$ を読みとる．
手順5 式 (5.1) より，η は $\ln\ln(1/(1-F(t))) = 0$ のときの t の値であるから，あてはめ直線が $\ln\ln(1/(1-F(t))) = 0$ の線（点線）と交わる点から垂線を下ろし，x 軸と交わった値を読むと η の推定値が得られる．

（2） 対数正規確率プロット法

対数正規分布への適合性の判定を行い，適合と判断できた場合にはパラメータの推定が行えるように設計されたグラフ用紙で，累積故障確率 $F(t)$ をもとに打点を行える構成の用紙を，対数正規確率紙という．また，対数正規確率紙を用いた解析法を**対数正規確率プロット法**という．

対数正規確率紙の構成と使い方を，図 5.29 をもとに説明する．

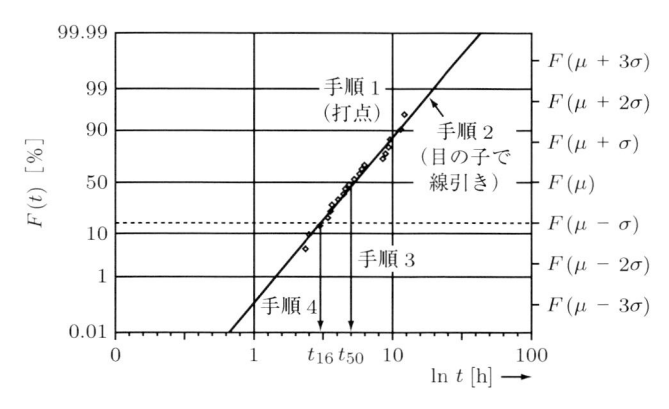

図 5.29 対数正規確率紙の構成とプロットの手順

標準正規分布（平均 $\mu = 0$，標準偏差 $\sigma = 1$）Φ の逆関数 Φ^{-1} を用い，対数正規分布のメディアン寿命を t_{50}，形状パラメータを σ とすると，$(\ln t - \ln t_{50})/\sigma$ は標準正規分布に従うので，Φ^{-1} を y 軸にとり，$\ln t$ を x 軸にとると，対数正規分布は直線になり，傾きは $1/\sigma$ となり，つぎの式が得られる．

$$\Phi^{-1}(F) = \frac{1}{\sigma}\ln t - \frac{1}{\sigma}\ln t_{50} \tag{5.2}$$

t_{50} および $t_{15.9}$ は，この直線から $F(t) = 50\%$ および 15.9% となる t として直読できる（通常は，有効数字2桁だけとって t_{16} と表示するので，ここでも以下はそれに

ならう).グラフ上での直線の傾きと,式 (5.2) での傾きが等しいとおいて,つぎの式 (5.3) が得られる.

$$\frac{1}{\ln t_{50} - \ln t_{16}} = \frac{1}{\sigma} \tag{5.3}$$

これより,$\ln t_{50} - \ln t_{16} = \ln(t_{50}/t_{16})$が$\sigma$と等しいことがわかる.

対数正規確率紙の構成法を説明する.x軸を対数尺,y軸を普通尺で目盛りをつけたグラフ用紙を用意する.グラフのy軸に$-3.71\,(\varPhi^{-1}\,(0.01\,\%))$から$3.71\,(\varPhi^{-1}(99.9\,\%))$の区間をできるだけ広く確保する.$y$軸の右側の$\varPhi^{-1}(F(\mu+n\sigma))(n=-3,-2,\cdots,3)=-3,-2,\cdots,3$に対応するところに$F(\mu+n\sigma)$と書き込む.本書では,ここ以外では,$\varPhi^{-1}\,(\cdot)$の値そのもの($-3,-2,\cdots,2,3$)を書込んでいるが,ここでは,実際の確率紙[4]のとおりに記した.y軸の左側に,$0.01\,\%\,(\varPhi(-3.71))$,$0.1\,\%\,(\varPhi(-3.09))$,$1\,\%\,(\varPhi(-2.33))$…と目盛りをつけていく.

図 5.29 は説明用なので,目盛り(横線)も数字も粗い間隔であるが,実際の確率紙[4]では数値は 0.01,0.1,1,5,10,20,30,40,50 %,目盛りは 0.01 % から 20 % までは数値の間を 10 分割,20 % から 50 % までは数値の間を 5 分割してある(50 % 以上はそれ以下と対称).15.9 %($\varPhi(-1)$)の位置に点線または破線で水平線を引くとt_{16}が求めやすい.x軸にはとくに何も目盛りをつけず,もともとの対数目盛りを利用する(tを直読する).以上で確率紙ができあがる.

つぎに,対数正規確率紙の使い方を説明する.解析手順の概要を,図 5.29 に手順 1 〜 4 と示した.

手順 1 まず,データ点(t_i,$F(t_i)$のメディアンランクまたは平均ランク)を打点する.詳細は,(1) 項ワイブル確率プロット法の手順 1 参照.

手順 2 つぎに,目の子(目分量)で直線をあてはめる.詳細は (1) 項ワイブル確率プロット法の手順 2 参照.ただし縦軸の密度が高い範囲は 10 % から 90 % と,ワイブル確率プロット法の場合(30 % から 90 %)と異なるので注意すること.

手順 3 つぎに,この直線からt_{50}とσを推定する.t_{50}は,$F(t)=50\,\%$の線と直線が交差する点から垂線を下ろし,x軸と交わった値を読むと得られる.

手順 4 つぎに,t_{16}を,$F(t)=15.9\,\%$の線と直線が交差する点から垂線を下ろし,x軸と交わった値を読んで得る.

手順 5 最後に,σは計算で$\ln(t_{50}/t_{16})$より求める.

$$\sigma = \ln t_{50} - \ln t_{16} = \ln \frac{t_{50}}{t_{16}}$$

5.3.2 累積ハザード値をもとにしたプロット法（どんなデータでも）

前項で説明した**累積確率プロット法**では縦軸は F であるが，本項で説明する**累積ハザードプロット法**では縦軸は H である．

類似の方法である確率プロット法よりも適用できるデータの種類が多く，汎用性が高い方法である．ただし，信頼区間が表示できないのが難点である．また，累積ハザード値はどの分布でも求められるが，そのままプロットできるのはワイブル分布だけであり，ほかの分布では，一度，F に変換してから確率プロットする必要がある．

ここでは，累積ハザードプロット法だけでなく，累積ハザード値を累積確率に変換後，確率プロットする方法についても述べる．そして，両方の場合に共通する考え方を説明するとともに，**ワイブル型累積ハザード紙**について，構成と使い方を具体的に説明する．

累積ハザード値をもとにプロットする方法は，ランダム打ち切りデータに適用できるのが最大の特長である．もちろん，完全データ，定時打ち切りデータ，定数打ち切りデータへの適用も可能である．

累積ハザード関数と時間の y 軸および x 軸への目盛りづけは，対応する分布がグラフ上で直線になるように行う．これが直線であることで，分布への適合性の判断を容易に目で見て行え，また，定規の操作と線引きのみでパラメータの推定が可能になる．ワイブル分布の累積ハザード関数 H を表す式を変形すると，

$$\ln H(t) = m \ln t - m \ln \eta \tag{5.4}$$

のように表せる．ここで，m は形状パラメータ，η は尺度母数である．y 軸と x 軸に $\ln H$ と $\ln t$ を割りあてると，傾きが m，$y = 0$ のときの t の値が η となる．この性質を利用してワイブル型累積ハザード紙を構成し，データ点から m と η を推定する．

打点すべきデータ点の x 座標は寿命データそのものである．データ点の y 座標は **H の推定値**を用いればよい．H の推定値は，

$$\hat{H}_k(t) = \sum_{i=1}^{k} \hat{h}_i(t) \tag{5.5}$$

となる[1]．ここで，i, k は打ち切りも含めた順位であり，足し算は対象故障モードについてのみ行う．H はハザード関数 h を積分したものであり，その推定値は式 (5.5) のように h の推定値の和として求める．h は故障率 λ そのものであり，ここでは，慣

---

[1] 確率プロット法で，累積分布関数 F の推定値を順序統計にもとづくパーセントランクを用いて打点した場合は，信頼区間の表示が可能であるが，累積ハザード値をもとにしたプロット法では，H をこのように推定するため信頼区間表示ができない．

習上，記号と名前が異なるだけである．h の推定値が

$$\hat{h}_i(t) = \frac{1}{n-i+1} \tag{5.6}$$

で与えられることは，故障率の定義（つぎの単位時間に故障する確率）/（その時点で残存している確率）より，故障する1時間前を基準に考え，（故障数＝1）/（基準時間での残存数）と考えると理解できる（5.1.3 (1) (a) 故障率の項参照）．

ワイブル型累積ハザード紙の構成法について，図 5.30 を参照しながら具体的に説明する．

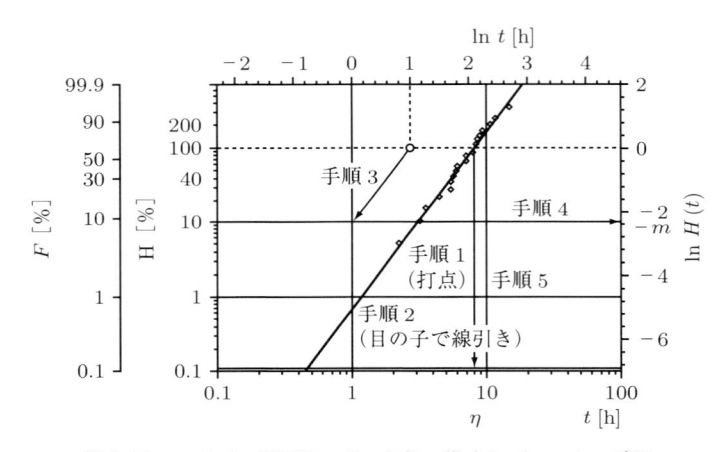

図 5.30 ワイブル型累積ハザード紙の構成とプロットの手順

x 軸，y 軸とも対数で目盛りがつけられたグラフ用紙を用意する．x 軸の下側の軸に 0.1，1，10，100 と目盛りをつける．上側の対応する箇所に $\ln t$ の値を -2 から 4 まで目盛りをつける．たとえば，上側の目盛りの $\ln t = 0$，1，2 に対応した t はおのおの $\exp(0) = 1$，$\exp(1) = 2.72$，$\exp(2) = 7.39$ である．つぎに，$H(t)$ の値を y 軸の左側に 0.1％から 691％ の範囲で目盛りをつける．y 軸の右側にこれに対応する $\ln H$ の値を，-7 から 2 の範囲に目盛りをつける．図 5.30 は説明用なので目盛りはあまり細かくつけていないが，実際のワイブル型累積ハザード紙[5]では右側は 0.1 刻みである．左側は 500％ 付近の最も粗いところで 50％ 刻み，0.1％ 付近の最も細かいところで 0.01％ 刻みで目盛りをつけてある．最後に，$\ln H = 0$ と $\ln t = 1$ の線が交差する点に丸印をつけて，ワイブル型累積ハザード紙ができあがる．

つぎに，使い方を説明する．簡単のために完全データでまず説明し，あとでランダム打ち切りデータの例を示す．解析手順の概要を，図 5.30 に手順 1～5 と示した．

手順 1 まず，データ点（t_i，$H(t_i)$ の推定値）を上述の方法で打点する．データ

が $t=0.1$ と 100 の範囲に入らない場合は下の x 軸の目盛りを 10 のべき乗倍ずらし，目盛りの数字を書きかえるだけでそのまま使える．

手順2 つぎに，目の子（目分量）で直線をあてはめる．このとき，通常の実験値への直線のあてはめと異なる点がある．縦軸の H の値に対応する F（確率である）を H の目盛りの左に目盛りづけしたが，それをみるとその密度は 30％から 90％（H ではほぼ 40％から 200％に対応）が最も密度が高く，その範囲より外では密度が低い．

したがって，この範囲の外側では，サンプリングしたデータ点のバラツキが大きくなる．このことを理解し，直線のあてはめは 40％から 200％の範囲のデータ点に重きをおき，その範囲外のデータ点の重みは低くする必要がある．その他の注意事項は，5.3.1 項（1）のワイブル確率プロット法の手順 2 を参照のこと．

手順3 さて，つぎに，この直線から m と η を推定する．m はこの直線の傾きであるから，同じ傾きのほかの直線の傾きを求めてもよい．$\ln t = 1$ と $\ln H = 0$ が交差する点（丸印がついている）を通り，この直線に平行な線を引く．

手順4 この直線が $\ln t = 0$ と交わる点から水平に右側に線を引き，y 軸と交わった点の値 $-m$ を読みとることで m の推定値が得られる．

手順5 式（5.4）より，η は $\ln H = 0$ のときの t の値であるから，目の子で引いた直線が $\ln H = 0$ の線と交わる点から垂線を下ろし，x 軸と交わった値を読むと η の推定値が得られる．

つぎに，ランダム打ち切りデータの場合について表 5.9 を参照しながら説明する．サンプル数は 20 である．このうち，故障データは順位が 1，2，3，5，6，13，15 の 7 個で，ほかは打ち切りデータである．h および H の推定値は，式（5.5），（5.6）にもとづいて，故障データについてのみ求める．そのあとの手順は上の完全データの例と同じなので省略する．

故障原因が多数ある場合は，故障原因ごとに解析する．その際に，ほかの原因での故障時間は打ち切りデータとみなして解析する．

ワイブル分布以外の分布の場合には，ここで求めた H の推定値を F の推定値に変換し，確率プロットを行う．その際のプロットやパラメータ推定の手順は，5.3.1 節で説明したものと同じである．

表 5.9 ランダム打ち切りデータにおける H の推定値の求め方

故障順位(i)	時間	故障／打切	$n-i+1$	h の推定値 [%]	H の推定値 [%]
1	20	故障	20	5.00	5.00
2	39	故障	19	5.26	10.26
3	45	故障	18	5.56	15.82
4	60	打切	17		
5	61	故障	16	6.25	22.07
6	71	故障	15	6.67	28.74
7	73	打切	14		
8	75	打切	13		
9	88	打切	12		
10	90	打切	11		
11	92	打切	10		
12	103	打切	9		
13	105	故障	8	12.50	41.24
14	107	打切	7		
15	120	故障	6	16.67	57.91
16	150	打切	5		
17	150	打切	4		
18	150	打切	3		
19	150	打切	2		
20	150	打切	1		

5.4 数値解析法（指数分布なら簡単）

　数値データ解析は**指数分布**に従うことが事前にわかっていて，なおかつ，データが完全データ，定数打ち切りデータ，または定時打ち切りデータの場合は比較的簡単なので，ここで，実際の解析ができる程度まで詳細に説明する．それ以外のデータについては，**最尤法**により解析するのが一般的である．ここでは，簡単にふれる程度とする．

5.4.1 指数分布の場合の区間推定

　指数分布に従うことが事前にわかっている**完全データ**や**定数打ち切りデータ**の場合には，**区間推定**ができる．

　一般に，区間推定を行うには，対象となる分布の母数の関数が従う分布を利用する．指数分布の平均寿命あるいは故障率の推定には，そのような分布として，図 5.31 に示す **χ（カイ）二乗分布**が利用できる．

5.4 数値解析法（指数分布なら簡単）

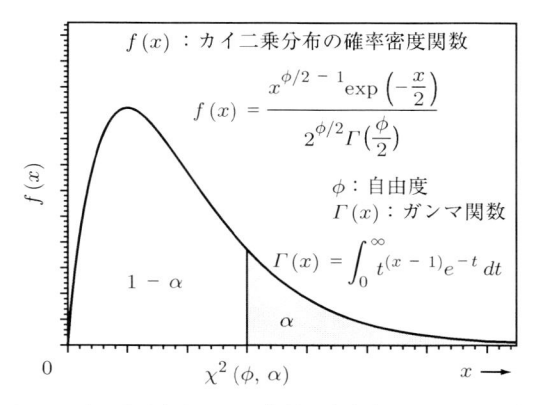

$$f(x) = \frac{x^{\phi/2-1}\exp\left(-\frac{x}{2}\right)}{2^{\phi/2}\Gamma\left(\frac{\phi}{2}\right)}$$

$f(x)$：カイ二乗分布の確率密度関数
ϕ：自由度
$\Gamma(x)$：ガンマ関数
$$\Gamma(x) = \int_0^\infty t^{(x-1)}e^{-t}dt$$

図 5.31　カイ二乗分布を用いた指数分布寿命データの区間推定法

総動作時間 T の 2 倍を平均寿命 MTTF で割った値 $2T/\text{MTTF}$ が，自由度 $2r$（r は故障数）のカイ二乗分布に従うという性質を利用する．総動作時間とは，故障品については故障時間を，非故障品については打ち切り時間をすべて足し合わせた時間である．通常の統計の区間推定では，区間の両端の推定を行うことが多いが，寿命データの場合は安全サイドとなる片側の区間の推定のみを行う場合が多い．

$\chi^2(\phi, \alpha)$ を自由度 ϕ のカイ二乗分布の上側 100α パーセント点とすると，$2T/\text{MTTF} < \chi^2(\phi, \alpha)$ である確率は $1-\alpha$ である．$2T/\text{MTTF}$ がカイ二乗分布に従うことから，

$$P\left\{\frac{2T}{\text{MTTF}} < \chi^2(\phi, \alpha)\right\} = 1-\alpha \tag{5.7}$$

と表す．半導体デバイスでは，MTTF には実質的意味がないため，故障率 λ で表現したほうがよい．指数分布では MTTF $= 1/\lambda$ である．式（5.7）を変形して MTTF に $1/\lambda$，ϕ に $2r$ を代入すると，

$$P\left\{\lambda < \frac{\chi^2(2r, \alpha)}{2T}\right\} = 1-\alpha \tag{5.8}$$

となる．平均故障率 r/T は，指数分布においては最尤推定値であるので，その値に掛けるべき係数として表現すると厳密かつ実用的である．

式（5.8）を変形すると，

$$P\left\{\lambda < \frac{\chi^2(2r, \alpha)}{2r}\frac{r}{T}\right\} = 1-\alpha \tag{5.9}$$

となり，平均故障率に掛けるべき係数は $\chi^2(2r, \alpha)/2r$ となる．図 5.32 に，故障数をパラメータにしてこの値を示した．信頼水準は $1-\alpha$ である．通常，信頼水準は 0.6

図 5.32 指数分布の区間推定において平均故障率に掛けるべき係数

から 0.9 で区間推定が行われるので，その範囲で示した．

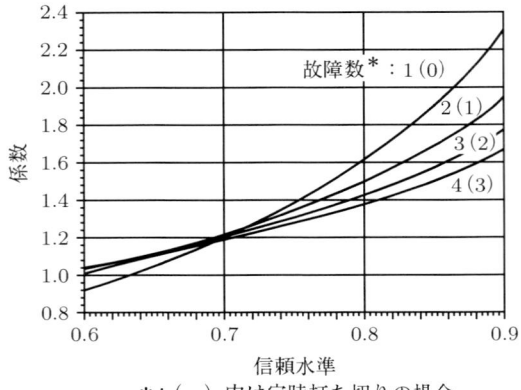

定時打ち切りの場合には，安全サイドの推定として故障数に 1 を足した値を故障数とみなしてこの方法を適用する．この方法を用いると，故障数が 0 でも区間推定ができる．信頼水準 60％，90％では，故障が 1 個とみなした場合の故障率におのおの 0.92 と 2.3 を掛ければよいことが図 5.32 より読みとれる．

5.4.2 最尤法

つぎに，**最尤法**について述べる．最尤法の考え方は簡単であり，適用できるデータの制限も少ないが，具体的な実行はかなり高度であるため，実際のデータ解析の場ではそれほど使われていない．ここでも考え方を簡単に述べるにとどめる．

最尤法の考え方を端的にいえば，仮定した理論的寿命分布，推定したい母数，それに母集団からのサンプリングで得た実際のデータをもとに，最も実現確率が高くなるような母数を推定する方法である．

簡単のために指数分布を仮定し，データも完全データの場合に，その母数である平均寿命 θ の最尤推定値を求める手順を説明する．

指数分布の確率密度関数を，変数を t，パラメータを θ として，つぎのように表す．

$$f(t\,;\theta) = \theta^{-1} \exp\left(-\frac{t}{\theta}\right) \tag{5.10}$$

n 個のデータ $(t_1,\ t_2,\ \cdots,\ t_n)$ と式（5.10）から，尤度関数とよばれる，実現確率に対応する関数 L は，つぎのように表せる．

$$L(\theta; t_1, t_2, \cdots, t_n) = \prod f(t_i; \theta)$$
$$= \theta^{-n} \exp\left(-\sum \frac{t_i}{\theta}\right) \quad (5.11)$$

一般に，母数の最尤推定値は，尤度関数あるいはその対数（対数尤度）が最大となる母数の値として求める．この例の場合には対数尤度を用いる．

式（5.11）の自然対数をとり，θ で偏微分し，それが 0 に等しいとおく．

その結果，θ の最尤推定値が $(t_1, t_2, \cdots, t_n)$ の算術平均 $(\sum t_i/n)$ として得られることがわかる．詳細は，参考文献（1），（2）を参照されたい．

5.5　アレニウスプロット法（温度加速性をみる）

アレニウス（S. A. Arrhenius, 1859～1927 年）が提唱した化学反応速度論の式に準じて，寿命の温度依存性をグラフィックに解析する方法を**アレニウスプロット法**という．

故障時間の温度依存性は，その故障のもとになる化学反応の温度依存性に依存する．化学反応の温度依存性は古くからアレニウスの式として知られている．

$$K = A \exp\left(-\frac{E_a}{kT}\right) \quad (5.12)$$

この式（5.12）は，反応速度 K と絶対温度 T [K] の関係を表した式である（[K] = [°C] + 273.15）[1]．ここで，A は定数，k はボルツマン定数（$(1.16 \times 10^4)^{-1}$ eV/K）[2]，E_a は活性化エネルギーである．温度の項が exp のなかに入っているため，反応速度は図 5.33 に示すように，温度上昇とともに急激に上昇する．

この図の縦軸は，25 °C を基準とする加速係数で，式（5.12）を元にした次式から得られる．

$$\frac{K(T)}{K(25\,°\text{C})} = \exp\left(-\frac{E_a}{k}\left(\frac{1}{T(°\text{C})+273.15} - \frac{1}{25+273.15}\right)\right) \quad (5.13)$$

---

[1]　慣習上，反応速度を表す記号として，絶対温度の単位記号と同じ K を使っている．混同しないよう注意すること．

[2]　1 eV = 11600 K と覚えると便利なので，わざわざこのような表記にした．このように覚えておくと，たとえば，常温（300 K）は 26 meV 程度であることがすぐわかり，この程度のエネルギーの出入りをともなう反応やプロセスが常温付近では活発に行われている，というイメージも湧きやすい．たとえば，Si 中の P や As の不純物準位は，おのおの 45 meV と 54 meV だけ伝導帯の下にあるが，常温ではほとんどイオン化されているというのもすぐに納得がいく．

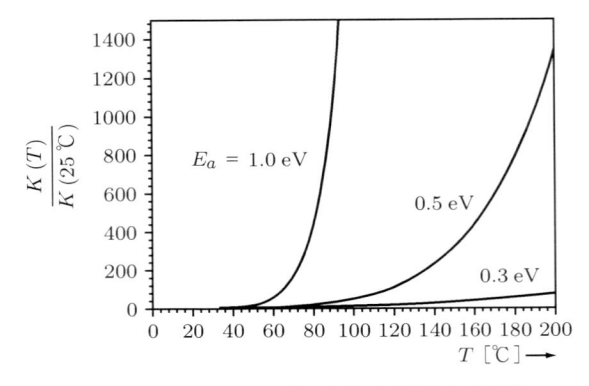

図5.33 アレニウスの式にもとづく温度加速係数

この図では，活性化エネルギーの典型的な値である 0.3, 0.5, 1.0 eV の場合を示した．たとえば，0.5 eV の場合には 25℃ を基準にした温度加速係数は，100℃ では約 50，200℃ では約 1300 にもなる．

故障の多くは化学反応が原因で起こる．そのような故障の寿命時間と化学反応速度との間に逆比例の関係が成り立つと仮定すると，寿命 L は，

$$L = B \exp\left(\frac{E_a}{kT}\right) \tag{5.14}$$

となる．ここで，B は定数である．この両辺の対数をとると，

$$\ln L = \frac{E_a}{k}\frac{1}{T} + C \tag{5.15}$$

となる．ここで，C は定数である．図 5.34 に示すように，$\ln L$ を縦軸（y 軸）にとり，$1/T$ を横軸（x 軸）にとると，傾きが E_a/k の直線となる．このような構成のグラフ用紙にデータをプロットし，そのデータ点列にあてはまる直線を目の子（目分量）または最小二乗法で引くと，その直線から活性化エネルギーおよび定数が求められる．このようなプロット法をアレニウスプロット法とよぶ．

具体的に，アレニウスプロット法で活性化エネルギーを求めてみる．半導体デバイスの TEG を試験して対数正規確率紙で解析した結果，150℃ で 175 時間，125℃ で 1000 時間，100℃ で 7000 時間のメディアン寿命 t_{50} が得られたとする．形状パラメータ σ は，どの温度でも 0.5 で変わらなかったとする．アレニウスプロットを行うためには，y 軸が対数尺，x 軸が普通尺のグラフ用紙を用意する．x 軸に $1/T$，y 軸に t_{50} を割りあててデータを打点し，目の子で直線を引き，傾きから $E_a = 1.0$ eV が得られる（図 5.35 参照）．図 5.35 は説明用なので精度は高くないが，この図より値を読み取り，E_a を求めてみる．傾き E_a/k を求めると

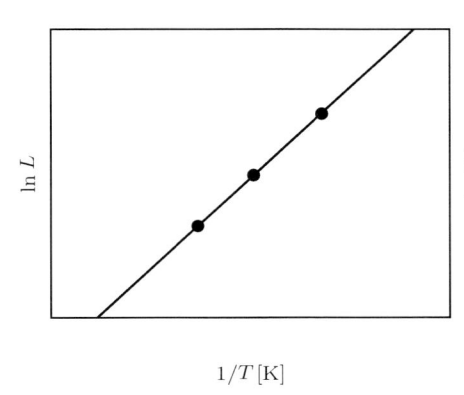

5.5 アレニウスプロット法（温度加速性をみる）

図 5.34　アレニウスプロット法

図 5.35　アレニウスプロット法の例

$$\frac{E_a}{k} = \frac{\ln 10^3 - \ln 10^2}{(2.52 - 2.31) \times 10^{-3}} = \frac{\ln 10}{0.21 \times 10^{-3}}$$

となり

$$E_a = \frac{k \ln 10}{0.21 \times 10^{-3}} = \frac{2.3}{1.16 \times 10^4 \times 2.1 \times 10^{-4}} = 0.94 \,[\text{eV}]$$

と 1.0 eV に近い値が求められる．σ が温度により変わらなかったと述べたが，これは重要なことである．すなわち，上のような解析が意味をなすためには，打点する各点の温度で故障のメカニズムおよびモードが不変である必要がある．

　式 (5.14) 導出の際に，寿命が反応速度に逆比例すると近似したが，この近似は，あくまでも近似であり，必ずしも成り立っているとは限らないので注意が必要である．この近似が成り立たない場合には，もとになる化学反応の活性化エネルギーと寿命の活性化エネルギーは異なるので違う記号を用いる．たとえば，1.3.1 項で説明した EM 故障では，化学反応速度に相当する原子の流れの活性化エネルギーに対しては ϕ を用い，寿命の活性化エネルギーに対しては E_a を用いた．

第6章 具体例・応用事例

この章では，前章までで系統的に取り上げた半導体デバイス評価技術を，実際に使う際にどのような組合せで用いればよいのかの具体的な例を取り上げる．個々の節を単独で読んでも，ある程度理解できるように記述したので，時間的余裕のない方は，系統的な勉強は後まわしにして，まず，この章の興味のあるところを読み，不明な点は前章の関係のある箇所を読むとよい．

6.1 EM試験の典型的手順

6.1.1 はじめに

集積回路（IC，本書では主に**半導体デバイス**または**LSI**とよんでいる）は，携帯電話やパソコンなどのほか，家電製品や自動車などにも多く使用されている．機能面からはメモリ，マイクロプロセッサなどがあり，素材面からはシリコン基板を用いたものが数量のうえで圧倒的多数を占めている．また，規模の面からSSI，MSI，LSI，VLSI，ULSIと分類されることもある．

ここでは，それらに共通な故障要因であるエレクトロマイグレーション（EM）現象をとりあげる．

この事例の特徴は，**耐用寿命の時期まで含めた試験**ができ，その結果をもとに製品の**信頼性設計**を行い，**信頼性予測**までできるという点である．

信頼性試験の対象としては，製品ではなく**TEG**をとりあげる．TEGは，製品を構成するトランジスタや配線を評価しやすいように試験専用に作製されるが，その設計基準や製造工程は製品と同じである．したがって，TEGを試験することにより得られた結果は，設計基準や製造工程に有効にフィードバックできる．

ここでは，対象の故障メカニズムを一つに限定し，その試験法から故障率の予測までを一貫してとりあげる．故障メカニズムとしては，集積回路の登場とともに重要な故障メカニズムとして認識されはじめ，いまだに最も重要な故障メカニズムの一つとして認識されているEM現象をとりあげる．

EMによる故障の寿命分布は，**対数正規分布**でよく近似でき，故障率増加型である．バスタブ曲線でいうと，図6.1に示すように，**摩耗期**にその寄与が大きくなる．

集積回路は，トランジスタや抵抗などの素子から構成されており，それらの素子間を配線で接続しているが，これらは図6.2の**信頼性ブロック図**で示すように，信頼性の観点からは直列系である．

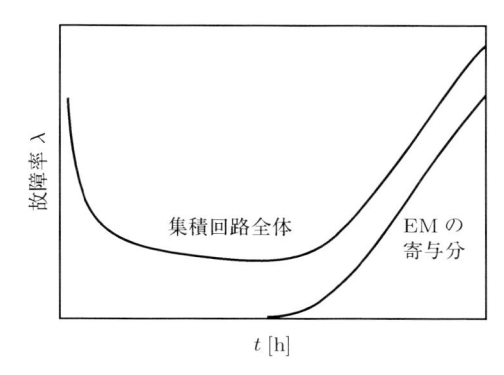

図 6.1　EM はバスタブ曲線での磨耗期に寄与

図 6.2　集積回路は信頼性の観点からは直列系

したがって，次式が成り立つ．

$$\lambda_{IC}(t) = \sum \lambda_{Tr(i)}(t) + \sum \lambda_{R(j)}(t) + \sum \lambda_{IntCon(k)}(t) \tag{6.1}$$

ここで，$\lambda_{IC}(t)$ は集積回路全体の故障率，$\lambda_{Tr(i)}(t)$ は i 番目のトランジスタの故障率，$\lambda_{R(j)}(t)$ は j 番目の抵抗の故障率，$\lambda_{IntCon(k)}(t)$ は k 番目の配線の故障率であり，簡単のために素子はトランジスタと抵抗だけであるとした．

このあとの節では，配線の故障率を予測する手順について，対象のメカニズム，評価法，解析・予測法と順を追って述べる．

6.1.2　EM とは

EM とは，金属に電流が流れたときに起こる現象で，電流が流れたことにより金属原子が移動し，抵抗増加，断線，ショートなどの異常を引き起こす現象である．プリント板などを主体とする分野では，半導体デバイスの分野で電気化学的マイグレーションとよぶ現象をエレクトロマイグレーションとよんでいるが，それとは異なるので注意すること．集積回路で EM が問題になるのは，チップ上の配線に電流が流れている場合である．この配線にはアルミ（Al）を主体にした材料（Al–Si–Cu, Al–Cu など）が長く使われていたが，現在では，先端デバイスでは銅（Cu）を主体にした配線が使われている．ここでは，Al 配線に的を絞って述べるが，ここで述べる範囲の基本的事項に関しては，Cu 配線でもほぼそのまま適用できる．Cu の場合に異なる点は，そのつど言及する．EM による原子の移動方向は金属の種類や温度により異なるが，通常の温度で Al 配線に電流を流したときには，Al の原子は電流の向

きと逆方向に移動する．これは，電流を流したときにAlには電界によるクーロン力と電子の衝突による力学的な力がはたらくが，通常の温度では後者のほうが大きいことによる．このAlの移動が配線中で不連続に起こるため，Alの密度が減少したところで抵抗が増加したり，断線したりする．また，Alの密度が過剰になったところでAlが飛び出し，ショートを起こす．ただし，多くの実験結果や使用実績をみると，ショート故障はほとんど起こっていない．Alの移動が不連続になる原因は，原子の移動する経路やその種類が複数あることによる．経路やその種類が複数ある理由としては，Alが多結晶構造であること，Al配線の経路にタングステン（W）のような別種の材料が入ってくることなどがある．Cu配線の場合には，絶縁膜とCuとの間に使用している金属とCuとの界面も原子移動の重要な経路になる．

6.1.3　EMを評価するためのTEG

EMを評価するためには，**配線のみで構成したTEG**を用いる．その構造および寸法などは，製品を設計する際の設計基準として用いることができるように決める．集積回路の配線は，通常，多層化されており，10層以上のものも用いられているが，ここでは，以下のような理由で，2層の構造のものについてのみ言及する．すなわち，多層配線が使われ出したころは，その当時の最大配線層数のTEGを用いて試験したりもしたが，EM故障に関しては2層での評価で十分であることがわかったからである．

図6.3に，その構造を模式的に示す．図(a)は，TEGを作製したチップをパッケージに組み立てたものの平面図である．パッケージや組み立て方法は製品と同様のものを用いる．同図(b)は，チップ部のみの平面図である．TEGがブロック単位で配置されているようすを示す．同図(c)は，チップ上でのTEGブロック内の個々のTEG（いまの場合は，配線TEG）の一部の平面図と断面図を示す．外部との電気的接続はリード→ボンディングワイヤ→ボンディングパッド→個々のTEGという経路でなされる．同図(c)で示した構造は，TEGの最も基本的な構造のさらにその一部であり，通常は，製品の構造を模して多くのバリエーションがある．配線の幅や膜厚，さらに上下の配線間を接続するビア（Al配線ではAlやWで構成されるものが多い．Cu配線ではCuで形成されるものが多い）の代表的な寸法は，同図(d)中に示した（現在のCu配線では，最小寸法は第1章で示したように50 nm以下である）．製品においては，これらの寸法のうち，配線幅やそれに見合って決められるビアの寸法は，TEGによるEMの評価結果をもとに決められることが多い（EMがボトルネックにならない場合は，電圧降下や信号遅延に影響する抵抗値によりこれが決められる）．

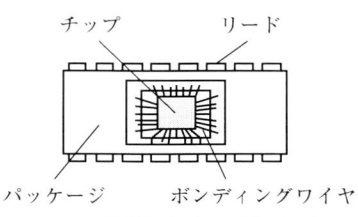

W_1	第1層目配線（M1）の幅
W_2	第2層目配線（M2）の幅
t_1	M1の膜厚
t_2	M2の膜厚
V	ビア寸法（W_1, W_2に見合った値）ビアは複数個設けることもある

［注］ W_1, W_2は50 nm〜100 μm程度
t_1, t_2は50 nm〜1 μm程度

（a）TEGを作製したチップをパッケージに組み立てたものの平面図
（b）チップ部のみの平面図
（c）チップ上でのTEGブロック内の個々の配線TEGの一部の平面図と断面図
（d）代表的な寸法

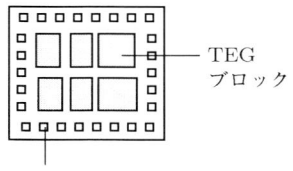

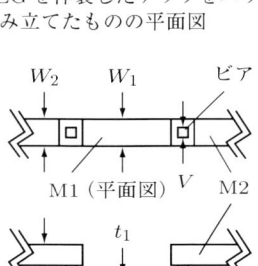

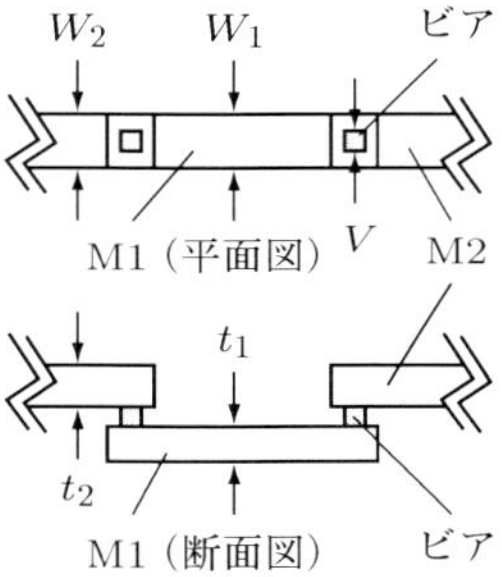

図6.3　EM試験するためのTEG構造の模式図

6.1.4　EMの寿命分布と加速要因

EMの寿命分布は，通常，対数正規分布（メディアン寿命t_{50}，形状パラメータσ）に従うことが知られている．また，EMを加速する要因は，通常，温度T [K]と電流密度J [A/cm^2]である．メディアン寿命と温度，電流密度の関係は，通常，つぎの式で表されることが知られている（提唱者にちなんで**ブラックの式**とよばれている）．

$$t_{50} = AJ^{-n} \exp\left(\frac{E_a}{kT}\right) \tag{6.2}$$

ここで，Aは配線の膜の質や構造などに依存する定数，nは配線の構造などに依存する定数で多くの場合1から3の間である．E_aは活性化エネルギー，kはボルツマン定数である．ブラックがこのタイプの式を提唱した1960年代後半は，EM寿命が対数正規分布にのることは知られておらず，寿命としては平均寿命が用いられた．その後の多くの評価の結果，対数正規分布にのることがわかり，寿命としてt_{50}が用いられるようになった．また，当時は電流密度依存性も詳細な検討はなされておらず，nは2に固定して示された．その後の多くの評価の結果，nは2以外の値をとる場合も多いことがわかった．また，その後，EMに起因するストレスによる原子の逆流現象

がブレッヒにより発見された（1976 年）．その結果，配線長も EM の重要な要因となることがわかった．極端な場合は配線長がある程度以下であると，この逆流現象により EM が表面化しない．ここでは，簡単のために，この逆流現象に関する評価はしない．

6.1.5　EM を評価するための試験条件と試験結果

試験する対象の TEG が決まれば，試験により決定すべき未知数は式（6.2）の A, n, E_a である．また，分布のパラメータ σ も試験により決定する必要がある．

ここでは，過去の試験結果から，$\sigma(0.5)$ と n は既知である構造の TEG を例にして示す．

200°C，175°C，150°C でおのおの 20 個の加速寿命試験を実施したところ，表 6.1 に示す故障時間（単位：[h]，故障判定基準：抵抗増加率 = 10 %）を得た．電流密度は，各温度とも 100 倍加速される値を選んだ．図 6.4 に，EM により発生したボイド（孔）のようすを FIB 装置を用いて断面を出し，FIB の SIM 機能を用いて観察した例を示す．この箇所を非破壊で絞り込むには OBIRCH 法を用いた．

表 6.1　EM 加速寿命試験結果

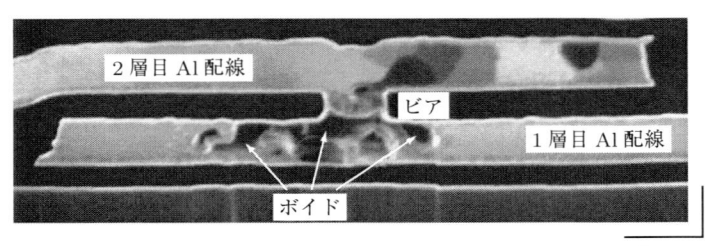

故障順位 i	故障時間 [h]			故障順位 i	故障時間 [h]		
	200°C	175°C	150°C		200°C	175°C	150°C
1	74.2	205.3	378.3	11	224.6	416.5	1060.5
2	84.9	240.8	433.9	12	225.1	417.3	1084.5
3	90.5	243.7	459.7	13	244.4	423.6	1116.9
4	106.5	254.9	595.5	14	251.1	442.8	1233.1
5	129.3	261.4	618.8	15	259.7	483.2	1295.2
6	137.4	269.7	681.3	16	328.5	515.5	1362.1
7	146.3	318.1	744.1	17	355.1	627.5	1445.3
8	165.6	370.5	775.2	18	366.7	667.8	1533.5
9	182.8	392.4	911.5	19	372.3	705.0	1548.9
10	190.5	401.7	1057.1	20	445.3	887.6	2007.0

図 6.4　EM により発生したボイド

6.1.6 EM の試験結果の解析と寿命予測

表 6.2 のように,解析用ワークシートを作成する.つぎに,これをもとに**対数正規確率プロット**を行い,そこから,t_{50}, σ を求める(図 6.5 にそのイメージを示す).ここで,σ は加速条件によらず同一の 0.5 であることを前提にあてはめ線を引く.プ

表 6.2 解析用ワークシート

故障順位 i	故障時間 [h]					
	200 °C		175 °C		150 °C	
	t_f	F [%]	t_f	F [%]	t_f	F [%]
1	74.2	3.4	205.3	3.4	378.3	3.4
2	84.9	8.3	240.8	8.3	433.9	8.3
3	90.5	13.2	243.7	13.2	459.7	13.2
4	106.5	18.1	254.9	18.1	595.5	18.1
5	129.3	23.0	261.4	23.0	618.8	23.0
6	137.4	27.9	269.7	27.9	681.3	27.9
7	146.3	32.8	318.1	32.8	744.1	32.8
8	165.6	37.7	370.5	37.7	775.2	37.7
9	182.8	42.6	392.4	42.6	911.5	42.6
10	190.5	47.5	401.7	47.5	1057.1	47.5
11	224.6	52.5	416.5	52.5	1060.5	52.5
12	225.1	57.4	417.3	57.4	1084.5	57.4
13	244.4	62.3	423.6	62.3	1116.9	62.3
14	251.1	67.2	442.8	67.2	1233.1	67.2
15	259.7	72.1	483.2	72.1	1295.2	72.1
16	328.5	77.0	515.5	77.0	1362.1	77.0
17	355.1	81.9	627.5	81.9	1445.3	81.9
18	366.7	86.8	667.8	86.8	1533.5	86.8
19	372.3	91.7	705.0	91.7	1548.9	91.7
20	445.3	96.6	887.6	96.6	2007.0	96.6

[注] F はメディアンランク:$(i - 0.3)/(n + 0.4)$

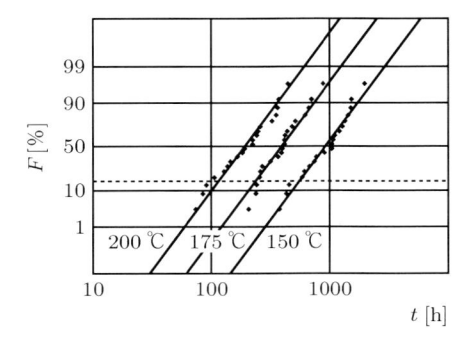

図 6.5 対数正規確率プロット

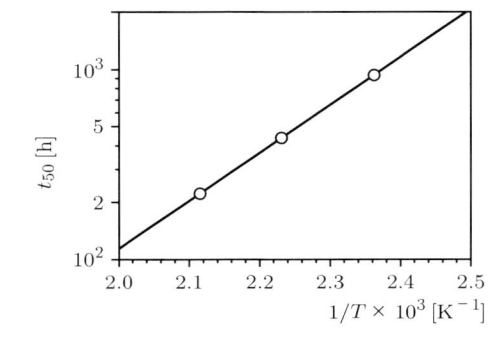

図 6.6 アレニウスプロット

ロット結果より200°C, 175°C, 150°Cの各温度でのt_{50}は, おのおの221 h, 437 h, 940 hであることがわかった. これらの値を**アレニウスプロット**する（図6.6にそのイメージを示す）. これから$E_a = 0.50$ eVが求められる.

つぎに, 実際の使用時の故障率を推定する. 実際の使用温度は75°Cである. 75°Cでのt_{50}を, 図6.6にイメージを示したプロット結果から読みとると（図6.6はイメージなので読みとれないが）, 1.8×10^4 hが得られる. 電流密度によりさらに100倍加速されているから, 実際の使用でのt_{50}は, 1.8×10^6 hとなる.

この値を, 対数正規分布の故障率を表す式

$$\lambda(t) = \frac{f(t)}{R(t)}$$

ただし,

$$f(t) = \frac{1}{\sqrt{2\pi}\sigma t} \exp\left\{-\frac{1}{2}\frac{(\ln t - \ln t_{50})^2}{\sigma^2}\right\}$$

に代入して, 1, 2, 5, 10年後の故障率を計算する. この際, Rは1で近似（0.01%程度以下の誤差）できるから, fのみを計算すればよい.

計算した結果は, おのおの2.1×10^{-20} FIT, 1.0×10^{-14} FIT, 1.8×10^{-8} FIT, 1.1×10^{-4} FITとなる（式（6.1）の$\lambda_{\text{IntCon}(k)}(t)$に相当）.

このような配線が集積回路のなかに1000万箇所あるとすると, おのおの10^7倍した2.1×10^{-13} FIT, 1.0×10^{-7} FIT, 1.8×10^{-1} FIT, 1.1×10^3 FITがこの構造の配線部分に配分され, 1, 2, 5, 10年後の故障率となる. 図6.7に, 故障率の推移を表すグラフを示す. これらの値が設計値として満足すべきものであるか否かは, この集積回路の用途や信頼性設計の個々の事例により異なる. たとえば, 10年後の1100 FITという値は, パソコン用としては十分であるかもしれないが, 基幹通信用としては, 不十分である.

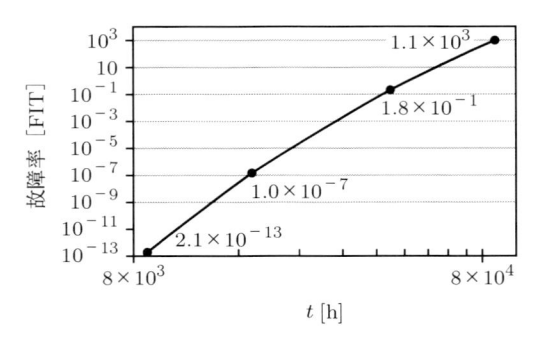

図6.7 故障率の時間推移予測（1000万個直列の場合）

6.2 EMの寿命分布事例1（ロット間のバラツキ）

われわれが寿命予測のための信頼性試験をする際，できるだけ短期間に評価したいと考える．これは，たとえば，新製品をできるだけ早く出荷したい，あるいは新設の量産ラインをできるだけ早く立ち上げたいといった理由からである．ところが，複数のロットを評価するためには，それらが製造されるまで待つ必要があるので時間がかかる．このような理由から，一つのロットがその製品の全ロットを代表していることを期待したい．しかし，多数のロットを試験してみないことには，ロット間のバラツキの有無は確認できない．このジレンマを解決する王道はない．

ここでは，EM寿命を例にとり，寿命のバラツキはロット内だけでなく，ロット間にもあることを実験で示した例を紹介する[1],[2]．

考え方は参考文献（1）にもとづくものであり，ここで示すデータおよび解析は，NEC（初版当時）の横川慎二氏によるものである．

ここでの評価は，TEGで行い，同一試験条件で，1ロットあたり24個のサンプルを抜き取り，12ロットを試験した．試験は，初期の抵抗値から10%抵抗が増加した時点を故障時間として，全数故障するまで実施した．すべての故障は同一メカニズム（EM）で，同一モード（抵抗増加）なので，完全データとみなせる．その全データを用いて，対数正規確率プロットした結果を図6.8に示す．この図から，形状パラメータの推定値を読みとると0.23が得られた．また，一方で，ロットごとに対数正規確率プロットを実施し，求めたメディアン寿命の推定値を用いて，対数正規プロットした結果を図6.9に示す．これから形状パラメータの推定値を読みとると0.16が得られた．さて，この二つの形状パラメータの推定値から，何がいえるであろうか．

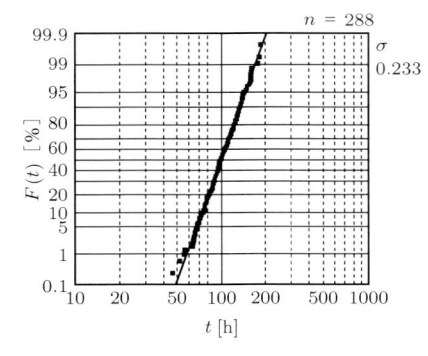

図6.8　全データを用いた対数正規確率プロット

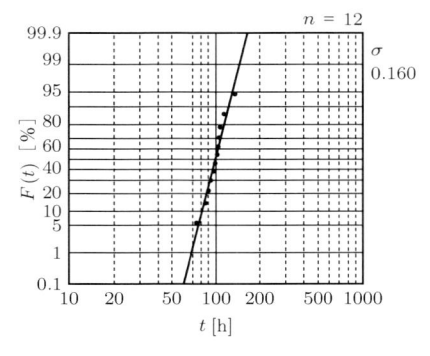

図6.9　メディアン寿命推定値を用いた対数正規確率プロット

ここで，対数正規分布の形状パラメータσの意味を復習しておく．対数正規分布は，故障寿命が変数の分布であり，メディアン寿命t_{50}と形状パラメータσは，その分布を決めているパラメータである．同じ分布を故障寿命の対数（$\ln t$）が変数であるとみなした場合，分布は正規分布である．その分布を決めているパラメータは，平均$\mu\,(=\ln t_{50})$と標準偏差σである．

さて，つぎは，**正規分布の性質**のうち，ここでの考察に必要なものをみておく．正規分布の性質に関しては本書ではふれていないが，たとえば，参考文献（3）をみると，つぎの有名な性質がある．

■**正規分布のサンプル平均の性質**
　母集団が平均μ，標準偏差σの正規分布からサンプル数nでサンプリングしたとき，サンプルの平均値の分布は，平均値μ，標準偏差$\sigma/\sqrt{n}$の正規分布に従う．

これより，ロット間のバラツキがないのであれば，この12ロットのサンプルは同じ母集団からのサンプリングと考えてよい．その場合には，全サンプルから求めたσの値0.23を，$\sqrt{24}$で割った値0.048が，ロットごとに求めたメディアン寿命のσの値とほぼ等しいはずである．ところが，前述のとおり，後者の値は0.16であり，3倍以上も大きい．これは，ロット間のバラツキがあると考えてよいことを意味している．

6.3　EMの寿命分布事例2（裾の分布）

半導体デバイスの特徴の一つに，故障しにくいということがある．これが，半導体デバイスがこれほど多くのところで使われている理由の一つである．このすぐれた特徴が，寿命分布を評価する側からみると，最大の問題点の一つとなる．寿命分布を知るためには，**分布の全体像**をみる必要がある．一方，実際に使われる時間は，**分布の短い側の裾の部分**だけである．寿命の全体像をみるだけなら，寿命加速を行えば，短時間で，低コストで実行できる．しかし，分布の裾までみるとなると，サンプル数が大量に必要になる．大量のサンプルを試験するには，試験設備にも膨大なコストがかかる．

ここでは，試験設備に膨大なコストをかけずに，**分布の全体と裾**とをみる方法として，**サドンデス法**（突然死試験法，2.2.1項参照）を用いた例を紹介する．参考文献（1）においては，試験法はサドンデス法を用い，データ解析にはカプランマイヤー

法[1]を用いているが，本書ではカプランマイヤー法を用いたデータ解析法については説明していないので，ここでは，本書でも解析法を紹介した累積ハザード法と，累積ハザード関数と累積故障確率の関係を用いて解析する．したがって，ここで示す結果は，寿命データは参考文献（1）の生データとして参考文献（2）を参照し，生データの不足分はアメリカ・モトローラ社（初版当時）の，ガル（M. Gall）博士とカワサキ（H. Kawasaki）博士から提供されたデータを使ったが，解析は筆者が行ったものである．解析法の違いによる差は，ここでの説明の範囲内では，無視できることを確認しているので，カプランマイヤー法での解析結果については以下ではふれない．

さて，サドンデス試験法では，図 6.10 に示すように，k 個のサンプルから構成される直列系を n 組用いて試験を行う．

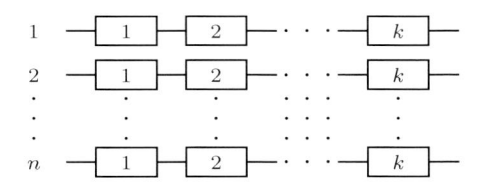

```
1 ─┤ 1 ├─┤ 2 ├─ ・・・ ─┤ k ├─
2 ─┤ 1 ├─┤ 2 ├─ ・・・ ─┤ k ├─
  ・        ・       ・      ・
  ・        ・       ・      ・
  ・        ・       ・      ・
n ─┤ 1 ├─┤ 2 ├─ ・・・ ─┤ k ├─
```

図 6.10　サドンデス試験法におけるサンプルの構成

各組のなかで最初の 1 個が故障すると，その組のほかのサンプルについては試験を打ち切ることにする．ここでの事例では，$(k, n) = (1920, 8)$，$(480, 13)$，$(5, 32)$ といった 3 通りの直列系の構成で試験を行っている．合計のサンプル数は $1920 \times 8 + 480 \times 13 + 5 \times 32 = 21760$ 個である．このうち，分布の裾をみるのに用いたのは，$(k, n) = (1920, 8)$ のセットで，サンプル数は $1920 \times 8 = 15360$ 個と，裾までみるのに十分なサンプル数である．また，試験に必要な電源と計測器のセット数は，すべての試験を同時に行ったとしても，$8 + 13 + 32 = 53$ セットとわずかである．この事例においては，EM 試験を信頼性上の直列系で行うための有効な構成方法や，計測法，それに故障判定基準なども興味深いものであるが，ここでの説明は割愛する．興味のある方は参考文献（1）を，より詳しくは（2），（5）を参照されたい．ここでは，得られた寿命データから全体の分布と裾での分布の両方をみるための手続きに焦点を絞って説明する．

表 6.3 に，$(k, n) = (1920, 8)$ の構成で試験を行った結果の寿命データを示す．

209 時間で最初の故障が起こり，334 時間で最後の故障が起こっている．これを解析するためのワークシートを表 6.4 に示す．寿命データの種類はランダム打ち切り

---

[1] カプランマイヤー法：累積ハザード法と同様に，ランダム打ち切りデータに適用できる方法である．推定値として故障率を用いるのではなく，条件付き信頼度を用いる．詳細は参考文献（3），（4）を参照のこと．

表6.3 $(k, n) = (1920, 8)$ の構成での寿命データ

故障順位 i	故障時間 t_f	故障順位 i	故障時間 t_f
1	209	5	271
2	219	6	274
3	229	7	292
4	251	8	334

表6.4 $(k, n) = (1920, 8)$ の構成での寿命データ解析ワークシート

故障順位 i	故障時間 t_{f_i}	直前の残存数 N_i	ハザード値の推定値 h_i	累積ハザード値の推定値 H_i	累積故障確率の推定値 F_i
1	209	15360	0.000065	0.000065	0.000065
2	219	13440	0.000074	0.000140	0.000139
3	229	11520	0.000087	0.000226	0.000226
4	251	9600	0.000104	0.000330	0.000330
5	271	7680	0.000130	0.000461	0.000461
6	274	5760	0.000174	0.000634	0.000634
7	292	3840	0.000260	0.000895	0.000894
8	334	1920	0.000521	0.001416	0.001415

[注]　$N_i : 15360 - 1920 \times (i-1)$, $h_i : 1/N_i$, $H_i : \Sigma h_i$, $F_i : 1 - \exp(-H_i)$

データであるので，ハザード値（故障率）$h(\lambda)$ を推定し，その足し算として累積ハザード値 H の推定値を求め，H の推定値から累積故障確率 F の推定値を計算した．累積故障確率は 0.0065％ から 0.14％ までのデータとなっており，分布の裾をカバーしていることがわかる．

つぎに，$(k, n) = (480, 13)$ についての試験結果と，F までの計算手順およびその結果を，表6.5に示す．故障時間は 223 時間から 497 時間まで，累積故障確率は 0.016％ から 0.66％ までのデータとなっており，$(k, n) = (1920, 8)$ のデータとオーバラップする形で，分布の裾から中央にむけてカバーしている．さらに，$(k, n) = (5, 32)$ のデータを解析してみる．表6.6にその結果を示す．故障時間は 414 時間から 1670 時間にまで，累積故障確率は 0.62％ から 55.6％ にまで及んでおり，$(k, n) = (480, 13)$ のデータとオーバラップする形で，分布の中央までカバーしている．このように，3組のデータは分布の裾から中央付近まで，互いに重なる部分をもちながらカバーしている．

これら3組のデータを同時に対数正規確率プロットした結果を，図6.11に示す．3組のデータがほぼ同一の直線にのっているようすがわかる．すなわち，0.0065％ という裾のほうも対数正規分布で近似できることがわかる．

この図をみると，分布の中央部に比べて分布の裾のほうでよく直線にのっているのがわかる．これは，5.1.3項（2）（c）で述べたマルチ対数正規分布の図5.26をみ

6.3 EM の寿命分布事例2（裾の分布）

表6.5 $(k, n) = (480, 13)$ の構成での寿命データ解析ワークシート

故障順位 i	故障時間 t_{f_i}	直前の残存数 N_i	ハザード値の推定値 h_i	累積ハザード値の推定 H_i	累積故障確率の推定値 F_i
1	223	6240	0.000160	0.000160	0.000160
2	263	5760	0.000174	0.000334	0.000334
3	293	5280	0.000189	0.000523	0.000523
4	302	4800	0.000208	0.000732	0.000731
5	302	4320	0.000231	0.000963	0.000963
6	318	3840	0.000260	0.001223	0.001223
7	319	3360	0.000298	0.001521	0.001520
8	344	2880	0.000347	0.001868	0.001867
9	363	2400	0.000417	0.002285	0.002282
10	385	1920	0.000521	0.002806	0.002802
11	400	1440	0.000694	0.003500	0.003494
12	430	960	0.001042	0.004542	0.004532
13	497	480	0.002083	0.006625	0.006603

［注］ $N_i : 6240 - 480 \times (i-1)$, $h_i : 1/N_i$, $H_i : \Sigma h_i$, $F_i : 1 - \exp(-H_i)$

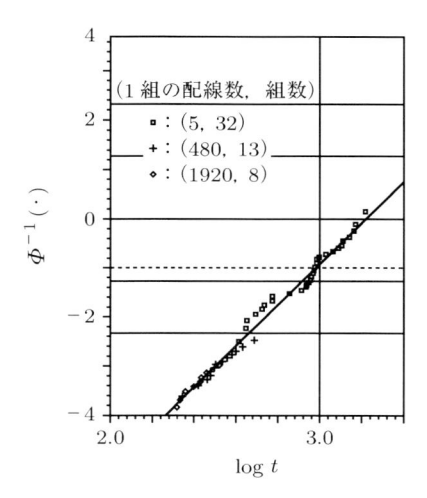

図6.11 3組のデータを同時に用いた対数正規確率プロット

るとわかるように，直列系を構成する要素の数が多くなると分布のバラツキは小さくなるからである．

この例のように，非常に多くの要素からなる直列系では，バラツキが極端に小さくなり，個々の要素の分布としてプロットすると，直線によくのるという結果が得られたのである．

表6.6 $(k, n) = (5, 32)$ の構成での寿命データ解析ワークシート

故障順位 i	故障時間 t_{f_i}	直前の残存数 N_i	ハザード値の推定値 h_i	累積ハザード値の推定値 H_i	累積故障確率の推定値 F_i
1	414	160	0.006250	0.006250	0.006231
2	450	155	0.006452	0.012702	0.012621
3	453	150	0.006667	0.019368	0.019182
4	500	145	0.006897	0.026265	0.025923
5	530	140	0.007143	0.033408	0.032856
6	550	135	0.007407	0.040815	0.039993
7	600	130	0.007692	0.048507	0.047350
8	600	125	0.008000	0.056507	0.054941
9	720	120	0.008333	0.064841	0.062783
10	818	115	0.008696	0.073536	0.070898
11	865	110	0.009091	0.082627	0.079306
12	873	105	0.009524	0.092151	0.088033
13	889	100	0.010000	0.102151	0.097107
14	917	95	0.010526	0.112677	0.106561
15	919	90	0.011111	0.123789	0.116433
16	934	85	0.011765	0.135553	0.126767
17	939	80	0.012500	0.148053	0.137615
18	948	75	0.013333	0.161387	0.149037
19	950	70	0.014286	0.175672	0.161107
20	962	65	0.015385	0.191057	0.173914
21	962	60	0.016667	0.207724	0.187568
22	977	55	0.018182	0.225905	0.202206
23	1005	50	0.020000	0.245905	0.218004
24	1082	45	0.022222	0.268128	0.235190
25	1162	40	0.025000	0.293128	0.254073
26	1235	35	0.028571	0.321699	0.275084
27	1269	30	0.033333	0.355032	0.298849
28	1300	25	0.040000	0.395032	0.326342
29	1400	20	0.050000	0.445032	0.359196
30	1467	15	0.066667	0.511699	0.400524
31	1487	10	0.100000	0.611699	0.457572
32	1670	5	0.200000	0.811699	0.555897

[注] $N_i : 160 - 5 \times (i-1)$, $h_i : 1/N_i$, $H_i : \Sigma h_i$, $F_i : 1 - \exp(-H_i)$

6.4 DRAM工程不良の解析事例（配線間ショートの OBIRCH → FIB → TEM → EDX による解析）

本節以降では **LSI チップ部の故障解析事例**を紹介する（6.8節のみパッケージ部の解析）．図6.12 に LSI チップ部の故障解析を実施する際の4つのステップと，この後紹介する事例がどのステップと対応しているかを示す．ステップ①の事例は本書ではとりあげなかったので，その事例をとりあげている参考文献を示した．

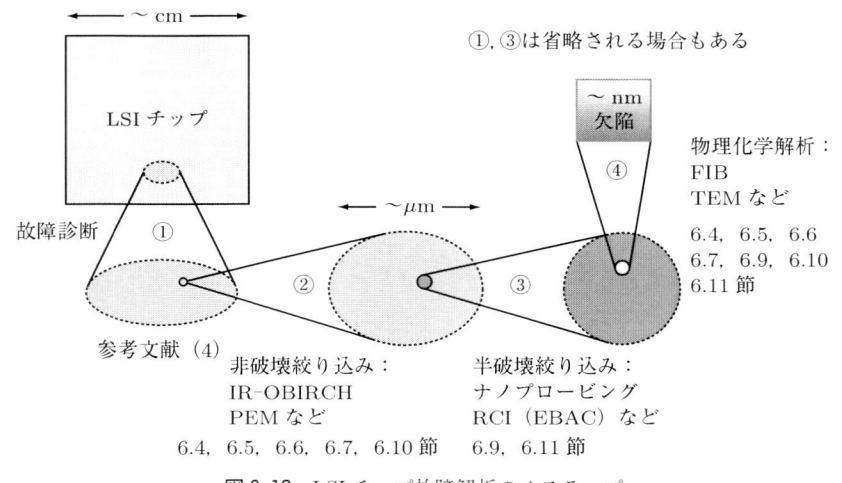

図6.12　LSI チップ故障解析の4ステップ

ここでは，**DRAM の電源電流不良を解析**した事例を示す[1],[2]．IR-OBIRCH法により故障箇所を絞り込み，FIB で断面を出し，SIM 像で観察した結果，ショートが発見された例である．その後，ショート箇所の物質を同定するため，FIB で TEM 観察用に加工し，TEM と EDX による解析を行っている．

図6.13 に，解析結果の代表的な写真を示す．図（a）に示す IR-OBIRCH 像では，リーク電流経路の暗コントラストとその先端部での明コントラストが見える．図（a）に対応する箇所の光学像（共焦点レーザ走査顕微鏡像）を図（b）に示す．この二つの像を重ね合わせることで，電流の経路と明コントラスト部が明確に見えるが，疑似カラー表示しないとかえって見にくいので，この倍率では別々に示した．明コントラスト部の箇所を高倍率で観測し，IR-OBIRCH 像と光学像を重ね合わせた像を図6.14に示す．Al 配線間に明コントラストが見え，この配線間でショートしていることを示唆しているが，光学像で見る限りでは，物理的ショートを示す異常コントラストは見えなかった．この箇所の断面を FIB で出し，SIM 像で観察した結果，

図6.15に示すように，Al配線間に0.1μm以下の厚みのショート箇所が見えた．

このショート箇所の物質を同定するために，ダイサーとFIBで約0.1μm程度に薄く断面加工し，TEMで観察した結果が図6.16（a）である．ショート箇所のEDX解析では，試料厚が約0.1μmと薄く，ビーム径は約1nm程度に絞ったため，数nmの空間分解能での元素同定が可能であり，ショート箇所だけの局所解析もできた．同図（b）に＊印でマークした箇所が，EDXで元素分析を行った箇所である．その結果，同図（c）に示したスペクトルからわかるように，ショート箇所はTiとOを主成分とした合金からなっていることが判明した．この合金の抵抗が負の温度係数をもつため，IR-OBIRCH像で明コントラストとして見えたと考えられる．遷移金属の合金で抵抗率の高いものが負の温度係数をもつことは，広範な合金の解析結果から知られている[3]．OBIRCH法では，負の温度係数をもつ部分は，Al配線を流れる電流の経路を示す通常のコントラスト（通常は，暗コントラストで示される）とは逆の明コントラストとして見えるため，明確に区別ができる．ここで示した配線間ショートだけでなく，ビアの底部や，基板部とのコンタクト部などでこのような遷移金属の高抵抗の合金ができ，OBIRCH法で明コントラストとして検出できる場合が多い．

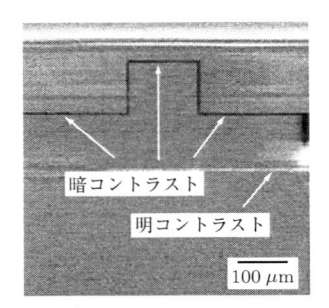

（a）IR-OBIRCH像　　　　　　（b）光学像

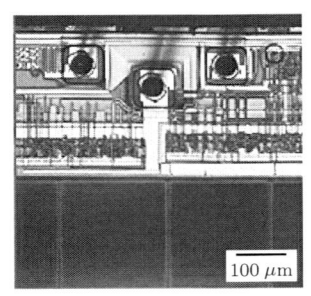

図6.13　DRAM電源電流不良のIR-OBIRCH解析

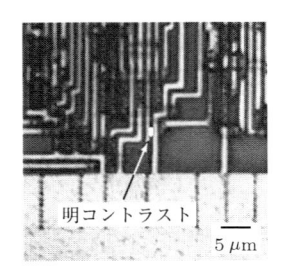

図6.14　明コントラスト部の高倍率観測
（IR-OBIRCH像・光学像の重ね合わせ）

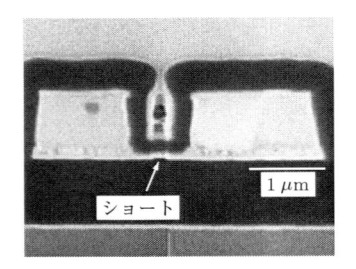

図6.15　断面SIM像

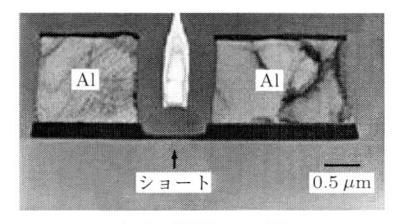

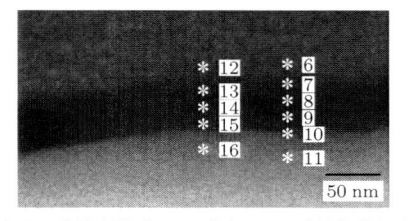

(a) 断面 TEM 増　　(b) 高倍率断面 TEM 像と EDX 分析箇所表示

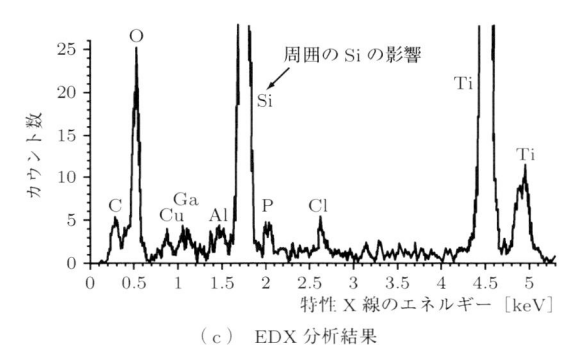

(c) EDX 分析結果

図 6.16　断面 TEM/EDX 解析

6.5　IR-OBIRCH 法による観測事例（PEM では見えなかった）

　ここでは，実用化されている解析手法のうち，唯一，IR-OBIRCH 法でのみ正確な故障箇所の検出が可能であった事例を紹介する[1],[2],[3]．そのデバイスは**パワーMOSFET**で，表面側がすべてソース電極で覆われており，さらに，そこにボンディングワイヤでボンディングされているため，EB テスタでは，解析が非常に困難なものであった．また，液晶塗布法で表面からの位置推定を試みたが，発熱箇所がボンディング部の下側であり，正確な位置特定はできなかった．不良品は全部で約 120 個あったが，そのうち約 30% の 40 個はゲート－ソース間の抵抗性リークであり，PEM では裏面側からも発光の検出はできなかった．

　チップ全体を裏面から観察した IR-OBIRCH 像を図 6.17 に示す．明コントラストが明瞭に観測できた．この明コントラスト箇所の高倍率像が図 6.18 である．1 μm 程度の位置精度で明コントラスト箇所が識別できる．表面側のソース電極 Al をエッチングしたあと，SEM で表面から観測した結果を図 6.19 に示す．層間膜にクラックが入っているのがわかる．このクラックに沿って抵抗性リークパスができ，そのリークパスの抵抗値の温度係数が負であったため，IR-OBIRCH 像として明コントラストが見えたものと考えられる．

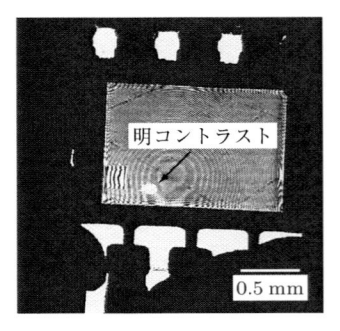

図6.17 チップ全体を裏面から観察したIR-OBIRCH像（光学像との重ね合わせ）

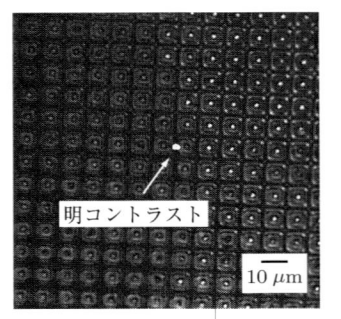

図6.18 明コントラスト箇所の高倍率像（IR-OBIRCH像・光学像の重ね合わせ）

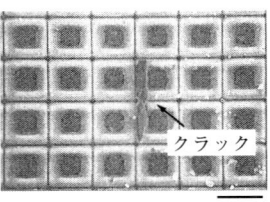

図6.19 表面からのSEM観測

6.6 チタンシリサイド配線高抵抗部の解析事例（OBIC/VL-OBIRCH, IR-OBIRCH, NF-OBIRCH→FIB→TEM→D-STEM→EDXによる解析）

この事例では，TiSi（チタンシリサイド）配線TEGでの解析事例を紹介する[1], [2]．

ここで用いた解析手法のうち，NF-OBIRCH法以外はすべて日常の故障解析で用いられているものである．

対象となった配線は通常より抵抗が高く，その原因を調べる目的で，まず，OBIRCHで観察を行った．最初は633 nmのレーザを用いたOBIC装置のレーザを，通常のものより高パワー化したものを用いた．図6.20にその結果を示す．暗いコントラストの箇所が配線部である．配線の一部に矢印で示したように明るいコントラストが見られた．この配線は，正常に製造されたものでは，上側約$0.1\,\mu m$がTiSi，下側約$0.1\,\mu m$が多結晶シリコンなので，この明コントラストは何らかの理由で多結晶シリコン部のOBIC電流が見えているのではないかと考えた．

もし，これがOBIC電流によるものであるなら，波長$1.3\,\mu m$のレーザを用いたIR-OBIRCHで観測した場合にはコントラストは見えないはずなので，それを確認するために，IR-OBIRCHで観察した．その結果を図6.21に示す．予想に反して，

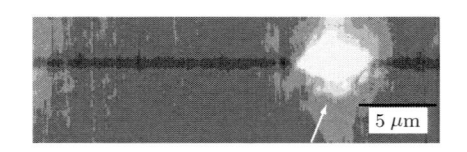

図6.20 波長633 nmレーザ照射での観測

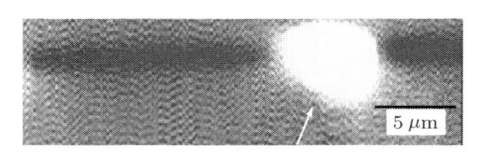

図6.21 波長$1.3\,\mu m$レーザ照射での観測（IR-OBIRCH）

IR-OBIRCHでも633nmでの観察と同様のコントラストが見られた．この結果，この明コントラストは，抵抗が負の温度係数をもつ箇所がOBIRCH効果（加熱による効果）により見えている可能性が高くなった．

そこで，本当に熱だけを与えて抵抗変化を観測するとどうなるかと考え，OBIRCH現象をより高空間分解能で観察するために考案したNF-OBIRCH (NearField Optical proBe Induced Resistance CHange) 法での観察を試みた．NF-OBIRCH法とは，OBIRCH法におけるレーザの代わりに近接場プローブ顕微鏡で用いられているファイバープローブを用いる方法である．熱源が小さくなるので，分解能が上がると考えて実験をしたところ，実際，50nmの空間分解能が得られた[2]．通常は，ファイバープローブの先端の金属部分に光の波長よりは小さい孔を開けるのであるが，この観察では，完全に孔を閉じたプローブを用いた（金属プローブとよんでいる）．したがって，光は試料にはまったく照射されず，ファイバー先端からは熱だけが伝わると考えてよい．このNF-OBIRCH法で高抵抗TiSi配線を観察した結果を図6.22に示す．

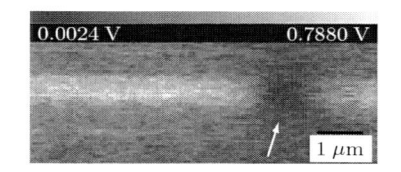

図6.22 金属プローブを使用したNF-OBIRCH法（加熱のみ）での観測

NF-OBIRCH法では，IR-OBIRCH法とは白黒のコントラストが逆転する構成になっているので，その点は注意してほしい．配線部がOBIRCH効果によりきれいに明るいコントラストで見えている．ところが，IR-OBIRCH像で明コントラストが見えた箇所では，まったくコントラストが見られない（目の錯覚でバックグランドより暗く見えるが，明るいところを隠してみると，バックグランドと同じ明るさであることがわかる）．この結果から，IR-OBIRCH像や可視OBIRCH像で見えていた明コントラストは熱による効果ではなく，光による効果であることが判明した．

これは，一見矛盾しているようにみえる．すなわち，IR-OBIRCHでは$1.3\mu m$の波長を用いているためOBIC効果が起こらないのが，その特徴であったはずである．

そこで，断面をFIBで厚さ$0.2\mu m$程度に薄くし，TEM観察を行った．その結果を図6.23に示す．右側の部分は正常な部分で，設計どおり，下側半分が多結晶シリコン，上側半分がTiSi構造になっている．ところが，中央から左付近は構造が乱れており，このままでは明確な構造がわからないので，TEM装置での通常のTEM像とは異なるモードで観察した結果を図6.24に示す．この観察モードは，D-STEM

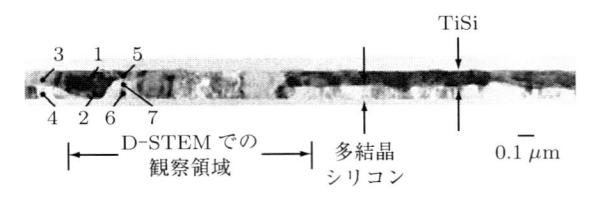

図 6.23　断面 TEM 像

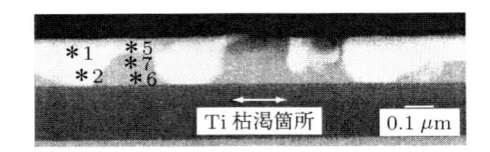

図 6.24　断面 D-STEM 像

（暗視野 STEM）というモードで，加速電圧は 200 kV と高いが，透過像をみるのではなく，走査しながら散乱した電子の強度を像として見るモードである．結果は，図に示すように白とグレーの 2 種類のコントラストが得られ，形状はかなり不規則である．D-STEM では重い元素ほど多く散乱されるため明るく見える．この白とグレーに対応するところに何があるかを確認するために EDX を用いて，図中に番号をつけた箇所の元素分析を行った．その結果，白い箇所は Ti と Si が存在し，グレーの箇所には Si だけが存在することが判明した．

このように，Si だけの箇所が多く存在することが，高抵抗の原因であることがわかった．

この観察結果からだけでは，上記の矛盾を解決する結果は得られなかったようにみえる．

しかし，つぎのように考えると，この矛盾は解消できる．実は，Ti の不純物準位は深く，伝導帯から 0.21 eV 下にある．すなわち，荷電子帯から 0.91 eV 上になる．1.3 μm の波長のレーザのエネルギーは 0.95 eV であり，荷電子帯から Ti の不純物準位に電子を励起することができる．

したがって，Ti の不純物準位を介しての OBIC 現象は起こりうる．EDX での検出下限は 1％程度（サンプルが薄いので，通常より悪い）であるから，Ti は検出できなかったといっても，この程度の励起を起こす不純物準位をつくるだけの量が残っていたとしても，不思議ではない．

6.7 PEMを用いた故障解析事例（テストパタンをまわしながら解析）

この事例では，PEM で故障箇所を絞り込んだ際に，単純に電源電圧をかけただけでは発光せず，また，LSI テスタで任意の状態に設定しても発光しなかった．そこで，テストパタンをループで流しながら観測したところ，発光が見られた[1],[2]．このような方法を用いると，**テストパタンループ**のどこかの状態では発光するが，それがどのテストパタンかはわからない．それでも故障箇所の絞り込みはできる．

図 6.25（a）は，低倍率で発光が見えた箇所の写真であり，強烈に発光している．これは，いつ発光が見えてくるかわからないので，解析者がその場にはずっといなかったため，必要以上に長時間の発光蓄積がなされたからである．しばらくして戻ってくるとこのように発光が見えたのである．

この箇所を高倍率にして観察した結果が同図（b）である．これで絞込みができたので，表面の保護膜と Al をエッチングして SEM 像で観察した結果が図 6.26 である．ゲート酸化膜の側部にピンホールが見える．

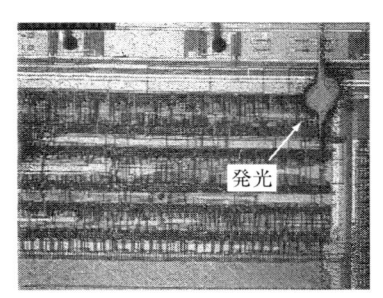

（a） 低倍率での発光像
　　（光学像との重ね合わせ）

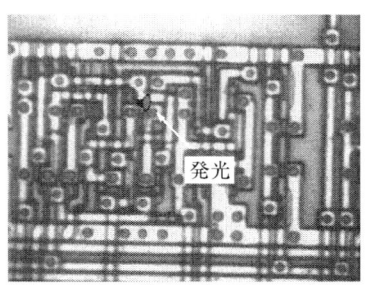

（b） 高倍率での発光像
　　（光学像との重ね合わせ）

図 6.25　テストパタンをループで入力しての発光解析

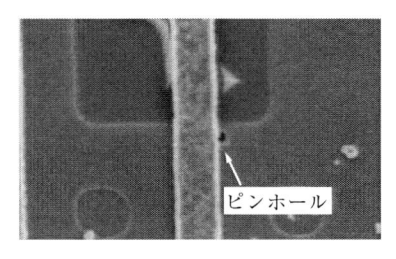

図 6.26　表面の SEM 像

6.8 パッケージ中のボイドをX線CTで解析した事例

パッケージの薄型化が進むことで，樹脂封止パッケージにおいて樹脂中にボイド（穴）があると，信頼性に影響を及ぼす可能性が増大してきてた．ここでは，チップ上の樹脂厚が約 0.4 mm の TQFP（Thin Quad Flat Package）において，チップ上部に存在してパッケージ表面には露出していないボイドを **X線CT**（Computed Tomography，コンピュータ断層像法）で観察した例を紹介する[1],[2]．

X線CT は医療用に多く使われていて，その技法は，1971 年にイギリスのハウンスフィールド（G. N. Hounsfield, 1919 〜 2004 年）により開発されたものである．かれは，かれとは別に CT を開発したアメリカのコーマック（A. M. Cormack, 1924 〜 1998 年）とともに，1979 年のノーベル生理学・医学賞を受賞している．

平行 X 線ビームを照射し，そのビームと垂直な軸を中心にサンプルを回転させる．その結果，得られた多方向からの X 線透過像をコンピュータ処理することで，3 次元的な情報が得られる．任意の箇所の断面表示や，斜めからの3次元表示をすることができる．

図 6.27 に，TQFP パッケージのチップ上を約 0.1 mm ごとに表示した結果を示す．

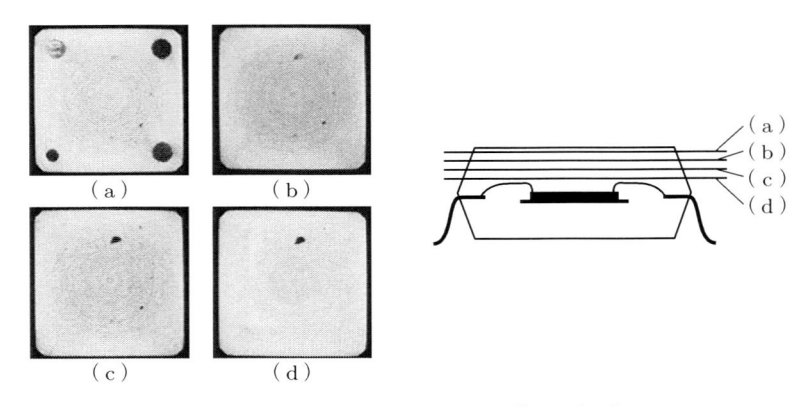

図 6.27　TQFP パッケージの X 線 CT 観測

一番表面に近い図（a）ではかすかにしか見えないボイドが，少し内部に入った図（b）で少し見え出し，さらに内部に入った図（c）では大きく見られる．さらに内部に入った図（d）では図（c）とそれほど大きさは変わらない．しかし，図（d）では，図（a）〜（c）で見られた小さなボイドは見えなくなった．このように，X 線 CT を用いると，ボイドの 3 次元的な形状や分布が観察できる．

6.9 ナノプロービング，SEM，TEM/EELSを用いた故障解析事例

この節では，半導体デバイスチップの故障解析事例として，**ナノプロービング**で絞り込みを完了したあと，**SEM** と **TEM/EELS** で解析した事例を紹介する[1]．

一般には，ナノプロービングを実施するまえに，IR-OBIRCH や PEM などによる非破壊解析により，ある程度狭い領域にまで故障被疑箇所を絞り込んでおく必要がある．場合によっては，電子ビームを用いた半破壊解析である EBAC（吸収電流）や VC（電位コントラスト）により，故障被疑箇所を絞り込むことが必要な場合もある．

まず，ナノプロービングについて一般的な説明をする．ナノプロービングとは，微細な導電性探針を半導体デバイスの電極や配線に接触させ，電気的特性を測定する方法である．図 6.28 に，ナノプロービング装置の概略図を示す．探針する方式は，大きく **SEM 方式**と **AFM 方式**とに分けられる．どちらの場合も，電気的特性はパラメータアナライザなどで電流・電圧特性を測定する．図(a)に示す SEM 方式では，真空中で SEM 像を見ながら，タングステン製の微細探針をピエゾ駆動マニュピレータで操作する．リアルタイムでモニターしながら探針でき，真空中で操作を行えるので酸化の影響を受けにくく，探針と半導体デバイスの電極の間の電気的接触が安定している．図(b)に示す AFM 方式では，SPM の代表的なものである AFM を用いて探針する．リアルタイムのモニターは光学顕微鏡でしかできないが，AFM 像を取得したあと，AFM 像中の任意の箇所を指定するとその箇所に自動的にプロービングできる．大気中で操作が行える点は手軽であるが，半導体デバイスの電極が酸化の影響を受けやすい．

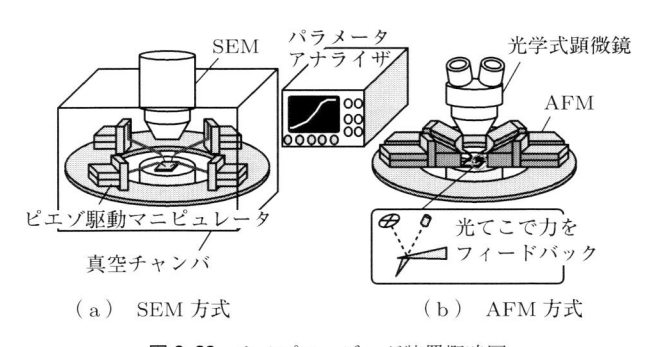

図 6.28 ナノプロービング装置概略図

© LSI テスティング学会 2011，水野貴之「3.5.10 ナノプロービング法とその故障解析への応用」，LSI テスティング学会編，「LSI テスティングハンドブック」，オーム社，(2008) 図 1

図 6.29 測定中のイメージと電流・電圧測定例

© LSI テスティング学会 2011，水野貴之「3.5.10 ナノプロービング法とその故障解析への応用」，LSI テスティング学会編，「LSI テスティングハンドブック」，オーム社，(2008)，図 2

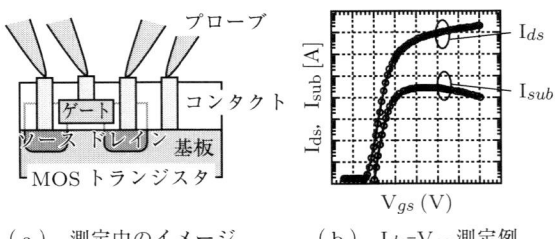

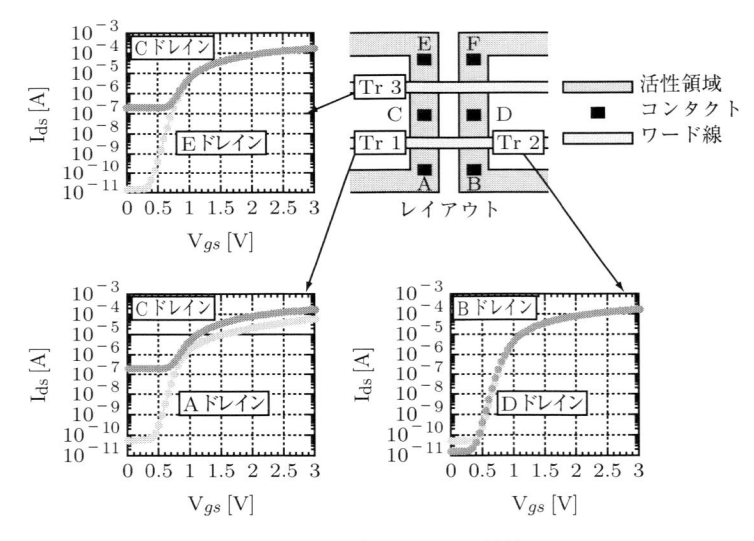

図 6.30 不良部の I_{ds}-V_{gs} 特性

© LSI テスティング学会 2011，水野貴之「3.5.10 ナノプロービング法とその故障解析への応用」，LSI テスティング学会編，「LSI テスティングハンドブック」，オーム社，(2008)，図 8

ここでは，SEM 方式でナノプロービングした事例を紹介する．

測定中のイメージと電流・電圧測定例を図 6.29 に示す．図（a）が測定中のイメージで，針を，ソース，ドレイン，ゲート，基板の 4 箇所のコンタクト（トランジスタと配線間のコンタクト用電極）に接触させている．このようなプロービングを実施するための前段階として，故障被疑箇所を絞り込んだあと，コンタクト（通常は，タングステン製）より上側の配線をすべて除去しておく必要がある．図（b）は，このようなプロービングにより，ドレイン電流（I_{ds}）と基板電流（I_{sub}）のゲート電圧（V_{gs}）の依存性を測定した結果である．

6.9 ナノプロービング，SEM，TEM/EELS を用いた故障解析事例　163

　ここで対象となった不良は，SRAM（スタティック・ランダムアクセスメモリ）のシングルビット不良である．電気的測定結果だけからビット単位での不良箇所は明らかになっていた．したがって，上で一般論として述べた故障被疑箇所の絞り込みをIR-OBIRCH，PEM，EBAC，VC などによって行う必要はなく，配線を除去するだけの前処理でよかった．

　この SRAM は，6個の MOS トランジスタでできていて，それぞれの MOS トランジスタの電気特性をナノプロービング法で測定した．その結果，図6.30に示すように，1個の MOS トランジスタ（図中の C）で基板との p-n 接合にリーク電流が流れていることが確認できた．層間酸化膜をウエットエッチングにより取り除いたあと，MOS トランジスタの C 付近を表面から SEM 観察した結果を図6.31に示す．この SEM 像から，MOS トランジスタの C のコンタクト周辺で Si 基板が侵食されていることがわかった．ただし，この SEM 像だけでは侵食原因が推定できなかった．

　そこで，上記と同様のリーク電流発生が確認できた別のコンタクトの断面を TEM で観察した．その結果，図6.32（a）に示すように，TiN の一部に欠陥があることがわかった．この箇所を EELS を用いて観測し，Ti 元素のマッピングを行った（同

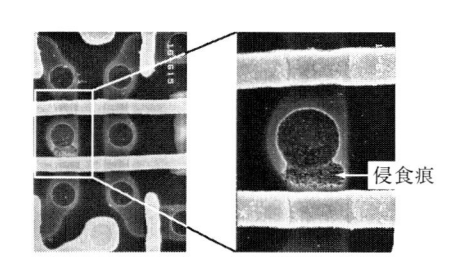

図6.31　ウエットエッチング後の表面 SEM 像
© LSI テスティング学会 2011．水野貴之「3.5.10 ナノプロービング法とその故障解析への応用」，LSI テスティング学会編，「LSI テスティングハンドブック」，オーム社，(2008)，図9

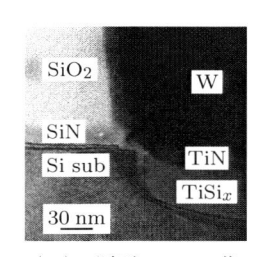

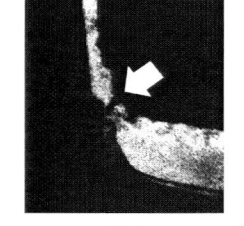

（a）断面の TEM 像　　（b）EELS による Ti マッピング

図6.32　断面の TEM 像と EELS 分析
© LSI テスティング学会 2011．水野貴之「3.5.10 ナノプロービング法とその故障解析への応用」，LSI テスティング学会編，「LSI テスティングハンドブック」，オーム社，(2008)，図10

図（b）参照）．図中の矢印で示すように，コンタクト外周部でバリアメタルの TiN の一部が欠落していることがわかった．この解析結果をもとに TiN 堆積プロセスを改善することで，不良の再発を防止するができた．

6.10 SIL/PEM，STEM/EDX，電子線トモグラフィーを用いた故障解析事例

この節では，半導体デバイスチップの故障解析事例として，SIL（固浸レンズ，p.67 脚注参照）を用いることで，空間分解能を上げて PEM による発光解析を行い，絞り込みを完了したあと，STEM と EDX で物理化学解析を行った事例を紹介する[1]．STEM での観察は一方向からの観察だけでなく，**電子線トモグラフィー**による 3 次元的な観察も行うことで，欠陥の位置を正確に把握することができた．

対象サンプルは，$0.25\,\mu m$ ノードプロセスで作製した MOS トランジスタの TEG において発生したリーク電流不良品である．

SIL は，光を用いた観察における空間分解能を向上させる目的で，屈折率の高い固体（Si など）をレンズの一部として用いる方法である．

図 6.33 は，SIL を用いて取得した**発光像**と**光学像**の重ね合わせ像に，**レイアウト**を重ね合わせたものである．SIL なしでは，発光は確認できるもののレイアウトとの対応が不明確であったが，SIL を用いることで，発光位置のレイアウト上での位置が明確になり，故障箇所を 200 nm 四方の範囲に絞り込むことができた．

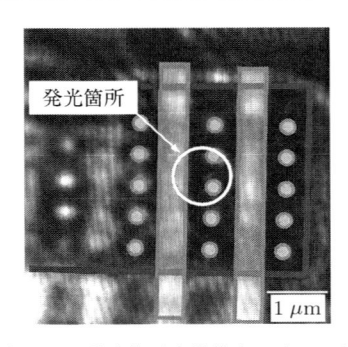

図 6.33　SIL を用いた発光像／光学像とレイアウトの重ね合わせ

© LSI テスティング学会 2011，工藤修一，吉田岳司，本田和仁，村田直文，廣瀬幸範，片山俊治，小守純子，小山 徹，中前幸治，「SIL プレートを用いた発光解析と電子線トモグラフィーによる結晶欠陥起因リーク不良の解析」，第 31 回 LSI テスティングシンポジウム会議録，(2011)，pp.305-306，図 3

発光箇所の**断面 STEM 像**を図 6.34（a）に示す．コンタクト近傍の Si 基板中に結晶欠陥がみえる．図（a）中の点線で四角く囲った箇所を EDX 解析した．同図（b）

6.10 SIL/PEM, STEM/EDX, 電子線トモグラフィーを用いた故障解析事例

に, O, Si, Ti, Fe それぞれの EDX マッピング結果を示す. Fe のマッピングと同図 (a) の点線で囲った箇所を見比べると, Fe が結晶欠陥部に析出していることがわかる. これにより, Fe が pn 接合部に存在したため電流リークが発生したことがわかった.

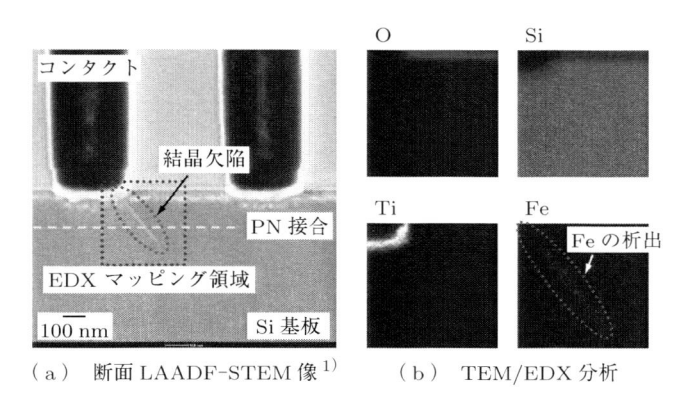

図 6.34 断面 TEM 解析結果

© LSI テスティング学会 2011, 工藤修一, 吉田岳司, 本田和仁, 村田直文, 廣瀬幸範, 片山俊治, 小守純子, 小山徹, 中前幸治,「SIL プレートを用いた発光解析と電子線トモグラフィによる結晶欠陥起因リーク不良の解析」, 第 31 回 LSI テスティングシンポジウム会議録, (2011), pp.305-306, 図 4

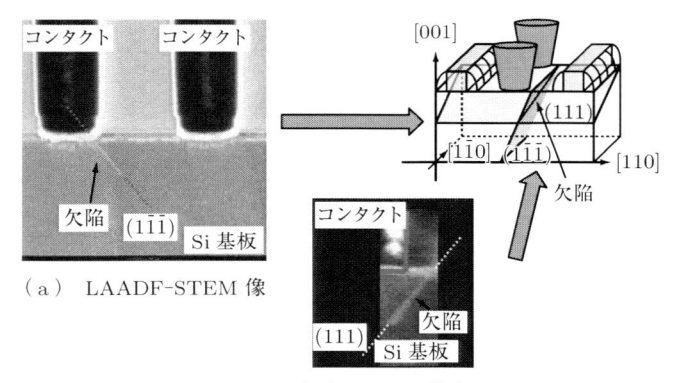

図 6.35 三次元解析結果

© LSI テスティング学会 2011, 工藤修一, 吉田岳司, 本田和仁, 村田直文, 廣瀬幸範, 片山俊治, 小守純子, 小山徹, 中前幸治,「SIL プレートを用いた発光解析と電子線トモグラフィによる結晶欠陥起因リーク不良の解析」, 第 31 回 LSI テスティングシンポジウム会議録, (2011), pp.305〜306, 図 6

---

1) STEM の暗視野モードでは, HAADF (High-Angle Annular Dark-Field) モードが一般にはよく用いられているが, ここでは結晶欠陥がよく見える LAADF (Low-Angle Annular Dark-Field) モードが用いられている.

欠陥の3次元的な位置を明確にするために，**電子線トモグラフィー**（STEM を用いた CT）観測を行った．図 6.35 に，三次元解析の結果わかったデバイス構造と結晶欠陥との位置関係を示す．図 6.34（a）に示した通常の断面 STEM 像だけだと，結晶欠陥はコンタクト底部から発生しているようにもみえる．しかし，三次元解析を行うことではじめて，**結晶欠陥の起点**はコンタクト底部ではないことが明確になった．

6.11 SSRM を用いた故障解析事例

この節では，半導体デバイスチップの故障解析事例として，**ナノプロービング**で絞り込みを完了したあと，**SSRM** による解析を行った事例を紹介する[1]．

故障解析の最終段階において，トランジスタ断面の不純物濃度分布やポテンシャル分布をみるためのツールはいくつか提案されている．そのなかで，微細化にも対応するツールとして最も期待されているものの一つがこの SSRM である．

まず，SSRM の構成の概念図を図 6.36 に示す．ここで用いた SSRM は，真空中で観測を行うので，真空チャンバーも示した（基本機能は AFM 用のものを用いているので，図では「AFM チャンバー」と記してある）．SSRM の構成では，抵抗値と不純物濃度は反比例の関係にあるので，SRRM 像は拡散層の濃度を反映した像になる．真空中で観測を行うことで，拡散層のプロファイルの再現性がよく，高空間分解能で観測することが可能である．

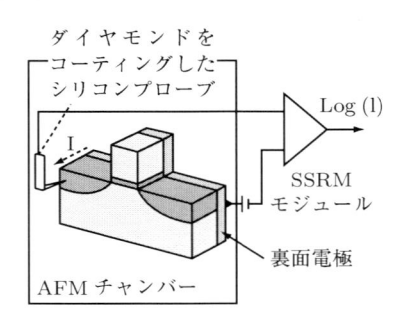

図 6.36 真空対応 SSRM 構成の模式図

© LSI テスティング学会 2011，早瀬洋平，原 啓良，小形信介，張 利，邝 晴子，栗原美智男，則松研二，長峰真嗣，「SSRM（Scanning Spreading Resistance Microscopy）測定技術の故障解析への応用」，第 31 回 LSI テスティングシンポジウム会議録，(2011)，pp.316, fig.1

サンプルは TEG である．特性異常のトランジスタをナノプロービングで特定した．異常の原因として，ソース－ドレイン間の距離が長くなったことが推測された．従来から使われていた SCM では空間分解能が不足すると考え，SSRM が適用された．前処理として FIB で断面を出した．

6.11 SSRM を用いた故障解析事例

図6.37は，SSRMによる観測結果である．図（a）が良品，図（b）が特性異常品である．推測したとおり，ソース-ドレイン間の距離が，特性異常品では良品より長いことがわかった．また，この図からわかるように，拡散層の深さは特性異常品では良品より浅いこともわかった．これは，イオン注入時に薄いレジストなどの膜が形成された可能性を示唆した結果であった．この結果をもとに，関連工程の改善を行い，不具合の再発を防止することができた．

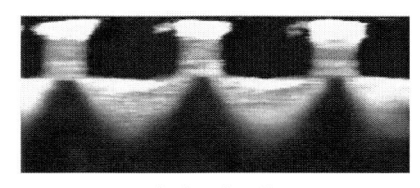

（a）良品　　　　　　　（b）特性異常品

図6.37　SSRM観測結果

© LSIテスティング学会 2011, 早瀬洋平, 原 啓良, 小形信介, 張 利, 圷 晴子, 栗原美智男, 則松研二, 長峰真嗣, 「SSRM (Scanning Spreading Resistance Microscopy) 測定技術の故障解析への応用」, 第31回LSI テスティングシンポジウム会議録, (2011), pp.316, fig.3

COLUMN 6：傾けたらショート

故障解析といっても，本書で解説したようなオーソドックスな方法だけで，原因究明ができるわけではない．思いがけないところから故障原因がわかることも多々ある．

たとえば，筆者がスーパーコンピュータや大型コンピュータ用の半導体デバイスの信頼性を担当していたときのこと．筆者がいた事業部は半導体開発を担当し，同じ社内のコンピュータ担当の事業部にデバイスを供給していた．

あるとき，実装試験で故障したといって，コンピュータ担当事業部からデバイスが返却されてきた．ところが，こちらで電気的にテストをしてみると正常に動作する．そのようなデバイスが，しばらくの間いくつも返却されてきた．こちらで，故障を再現するために，あの手この手をつくしても，一向に故障は再現しない．ところが，先方に送り返して，再度実装試験をしてもらうと，故障は再現するという．

打つ手もなくなり，先方の実装試験の現場を見せてもらうことにした．そうすると，なんと，実装試験用にデバイスを搭載しているボードが傾斜しているのがすぐ目についた．筆者はふと思いついて，故障とされたデバイスをPIND（粒子衝突雑音検出）試験にかけた．そうすると中に異物が入っていることを示す超音波ノイズが現れた．

セラミックスで気密封止されたパッケージのなかに，金属片が入っていた．通常のテスタでの試験では，デバイスを水平にしてテストするので，この金属片がパッケージ内部のリード間にまたがりリークを起こす確率は低かったのが，パッケージを傾ける実装試験では，金属片がパッケージの一辺に集まるため，ショートする確率が大きくなったのだった．このあと筆者は，とにかく現場を見るように心がけるようになった．

参考文献・引用文献

ここには，本文中であげた参考文献，あるいは図表などを引用した引用文献を一括して掲載する．文献番号は本文中の番号と対応している．

第2版で新たに引用した図の出典は図のキャプションのあとに記した．

第1章　半導体デバイスの特徴

1.1
（1）　ITRS（International Technology Roadmap for Semiconductors，国際半導体技術ロードマップ）　http://www.itrs.net/
日本語訳は　http://strj-jeita.elisasp.net/strj/
（2）　津屋英樹 監修「ULSIプロセス材料実務便覧」，サイエンスフォーラム，（1992）．

1.2
（1）　三根 久，「電子技術者の信頼性工学」，総合電子出版社，p.181，（1977）．
（2）　Rajsuman, R., "Iddq Testing for CMOS VLSI", Artech House, Boston/London（1994）．
（3）　真田 克，藤岡 弘，「IDDQを用いた，多様なリーク電流を有するCMOSLSIの故障診断」，電子情報通信学会論文誌，Vol.J82-D-I．No.7，pp.940〜949，（1999）．
（4）　たとえば，真壁 肇，「信頼性データの解析」，岩波書店，p.43，（1987）．
（5）　Nagasawa, E., H.Okabayashi, T.Nozaki, and K. Nikawa, "Electromigration of sputtered Al-Si alloy films," Int. Reliab. Phys. Symp., IEEE, pp.64〜71，（1979）．

1.3
（1）　二川 清 編著，「LSIの信頼性」，日科技連出版社，（2010）．
（2）　d`Heurle, F. M. and P. S. Ho, "Electromigration in thin films" Thin Films - Interdiffusion and Reactions, J. M. Poate et al., ed., John Wiley & Sons, pp.243〜303，（1978）．
（3）　Schreiber, H.-U., "Activation energies for the different electromigration mechanisms in aluminum," Solid State Electronics, 24, pp.583〜589，（1981）．
（4）　Blech, I. A. and C. Herring, "Stress generation by electromigration", Appl. Phys. Lett., vol. 29, p.131，（1976）．
（5）　Nikawa, K., "Monte Carlo Calculations Based on the Generalized Electromigration Failure Model," Int. Reliab. Phys.Symp., IEEE, Vol.CH1619-6, pp.175〜181，（1981）．
（6）　二川 清，「新版LSI故障解析技術」，日科技連出版社，（2011）．

第2章　デバイス評価技術概要
（1）　Rajsuman, R., "Iddq Testing for CMOS VLSI", Artech House, Boston/London，（1994）．

（2） Josephson et al., "Microprocessor IDDQ Testing: A Case Study", IEEE Design & Test of Computers, pp.42 ～ 52, (1995).
（3） LSI テスティングシンポジウム, LSI テスティング学会主催, 年 1 回, 大阪府で開催.
（4） Asian Testing Symposium, IEEE 主催, 毎年, 日本を含むアジア各地で開催.
（5） International Test Conference, IEEE 主催, 毎年, アメリカで開催.
（6） W. ネルソン 著, 奥野忠一 監訳,「寿命データの解析」, 日科技連出版社, (1988).

第 3 章 信頼性試験
（1） 高久 清, 山本繁晴, 柴田義文, 佐伯輝憲, 岩間英雄,「デバイス・部品の信頼性試験」, 日科技連出版社 p.154 ～ 157, (1992).
（2） 二川 清 編著,「LSI の信頼性」, 日科技連出版社, (2010).
（3） Unger, B. A., "Electrostatic Discharge Failures of Semiconductor Devices," Int. Sympo. Testing and Failure Analysis, pp.193 ～ 199, (1979).
（4） 日本規格協会 編：信頼性用語 JIS Z 8115 (1981), 日本規格協会, pp.55 ～ 80, 1986. 2000 年版では「デバギング」と「スクリーニング」の定義がなくなっているので, 初版の引用を残した.
（5） 益田昭彦, 鈴木和幸 編著,「CARE パソコン信頼性解析法」, 日科技連出版社, pp.172 ～ 179, (1991).

第 4 章 故障解析
4.2.1
（1） C.Kittel 著, 宇野良清, 津屋 昇, 森田 章, 山下次郎 訳,「固体物理学入門 第 7 版 上」, 丸善, pp.221 ～ 223, (1998).
（2） D. L. Barton et al., "Int. Sympo. Testing and Failure Analysis", pp.9 ～ 17, (1996).

4.4.1
（1） Lee, T. W. ed., "Microelectronic failure analysis: Desk Reference, 3rd ed"., ASM International, ISBN0-87170-479-X, pp.41 ～ 50, (1993).

4.4.2
（1） 二川 清,「新版 LSI 故障解析技術」, 日科技連出版社, pp.153 ～ 156, (2011).

4.4.3
（1） 二川 清,「新版 LSI 故障解析技術」, 日科技連出版社, pp.58 ～ 61, p.155, (2011).

4.5.2（2）
（1） Khurana, N. and C.-L. Chiang, "Analysis of Product Hot Electron Problems by Gated Emission Microscopy," Int. Reliab. Phy. Sympo., pp.189 ～ 194, (1986).
（2） Nikawa, K. and S. Tozaki, "Novel OBIC observation method for detecting defects in Al stripes under current stressing," Int. Sympo. Testing and Failure Analysis, pp.303 ～ 310, (1993).
（3） 内藤電誠工業（初版当時）の森本和幸氏による.

4.5.2（3）

（1） Nikawa, K. and S. Tozaki, "Principles Novel OBIC Observation Method for Detecting Defects in Al Stripes Under Current Stressing," Int. Sympo. Testing and Failure Analysis, pp.303〜310,（1993）.
（2） Nikawa, K., T. Saiki, S. Inoue, and M. Ohtsu "Imaging of current paths and defects in Al and TiSi interconnects on very-large-scale integrated-circuit chips using near-field optical-probe stimulation and resulting resistance change," Applied Physics Letters, Vol.74, No.7, pp.1058〜1050,（1999）.
（3） Nikawa, K. and S. Inoue, "New Laser Beam Heating Methods Applicable to Fault Localization and Defect Detection in VLSI Devices," Int. Reliab. Phys. Sympo., pp.346〜354,（1996）.
（4） 二川 清，井上彰二，森本和幸，曽根伸哉，「IR-OBIRCH 手法を用いた半導体デバイス故障解析事例」，LSI テスティングシンポジウム会議録，pp.181〜186,（1998）.
（5） Mooij, "Electrical Conduction in Concentrated Disordered Transition Metal Alloys," Phys. Stat. Sol.,（a）17, pp.521〜530,（1973）.
（6） 外島紀男，「IR-OBIRCH 法による LSI の故障解析事例」，半導体ワークショップ，浜松ホトニクス主催,（1999）.
（7） 二川 清，「新版 LSI 故障解析技術」，日科技連出版,（2011）.

4.5.2（5）

（1） Ura, K. and H. Fujioka, "Electron beam testing," in Advances in Electronics and Electron Physics, Academic Press: pp.233〜317,（1989）.
（2） 裏 克己，藤岡 弘，「電子ビームテスティングハンドブック」，電子ビーム研究 第 7 巻，日本学術振興会荷電粒子ビームの工業への応用第 132 委員会，第 98 回資料,（1987）.
 この本は参考文献（1）の日本語版に相当するものである.
（3） Nikawa, K., T. Nakamura, Y. Hanagama, T. Tsujide, K. Morohashi, and K. Kanai, "VLSI Fault Localization Using Electron Beam Voltage Contrast Image - Novel Image Acquisition and Localization Method -," Jpn. J. Appl. Phys., vol.31, Part 1, no. 12B, pp.4525〜4530,（1992）.
（4） Kuji, N., and T. Tamama, "An automated e-beam tester with CAD interface," Int. Test Conf., pp.857〜863,（1986）.

4.5.2（7）

（1） Nikawa, K., N. Nasu, M. Murase, T. Kaito, T. Adachi, and S. Inoue, "New Applications of Focused Ion Beam Technique to Failure Analysis and Process Monitoring of VLSI," Int. Reliab. Phys. Sympo., pp.43〜52,（1989）.
（2） Nikawa, K., "Application of Focused Ion Beam Technique to Failure Analysis of Very Large Scale Integrations," J. Vac. Sci. Technol. B, vol.9, no.5: pp.2566〜2577,（1991）.
（3） Nikawa, K., "Focused Ion Beam Applications to Failure Analysis of Si Device

Chip," IEICE Trans. Fundamentals, vol.E77-A, no.1: pp.174 〜 179, (1994).
（４） Kirk, E. C. G., D. A. Williams and H Ahmed, "Cross-sectional transmission electron microscopy of precisely selected regions from semiconductor devices,", Inst. Phys. Conf. Ser. No. 100: Section 7, Microsc. Semicond. Mater. Conf., Oxford. pp. 501 〜 506, (1989).
（５） 二川 清，山 悟，吉田 徹，「デバイス・部品の故障解析」，日科技連出版社，(1992).
（６） 二川 清，「LSIにおける故障解析技術」，日本信頼性学会（REAJ）誌，Vol.20, No.3, pp.200 〜 213, (1998).
（７） 日本学術振興会第132委員会 編，「電子・イオンビームハンドブック 第3版」，日刊工業新聞社，(1998).
（８） 二川 清，為我井晴子，「集束イオンビーム（FIB）を用いた故障解析技術」，NEC技報，vol.46, no.11, pp.46 〜 52, (1993).
（９） 二川 清，「新版LSI故障解析技術」，日科技連出版，(2011).

4.5.3（1）

（１） 二川 清，山 悟，吉田 徹，「デバイス・部品の故障解析」，日科技連出版，(1992).
（２） 堀内繁雄，弘津禎彦，朝倉健太郎，「電子顕微鏡Q&A ― 先端材料解析のための手引き ―」，アグネ承風社，(1996).
（３） 日本学術振興会第132委員会編，「電子・イオンビームハンドブック 第3版」，日刊工業新聞社，(1998).
（４） LSIテスティング学会編，「LSIテスティングハンドブック」，オーム社，(2008).
（５） 二川 清，「新版LSI故障解析技術」，日科技連出版社，(2011).

4.5.3（2）

（１） Kirk, E. C. G., D. A. Williams and H Ahmed, "Cross-sectional transmission electron microscopy of precisely selected regions from semiconductor devices," Inst. Phys. Conf. Ser. No. 100: Section 7, Microsc. Semicond. Mater. Conf., Oxford. pp.501 〜 506, (1989).
（２） 二川 清，為我井晴子，「集束イオンビーム（FIB）を用いた故障解析技術」，NEC技報，vol.46, no.11, pp.46 〜 52, (1993).
（３） 二川 清，井上彰二，「OBIRCHとTEMによる極薄高抵抗個所の検出と解析 ― OBIRCHによる非破壊検出とTEMによる構造解析 ―」，NEC技報，pp.74 〜 78, (1997).
（４） 日本学術振興会第132委員会 編，「電子・イオンビームハンドブック 第3版」，日刊工業新聞社，(1998).
（５） LSIテスティング学会編，「LSIテスティングハンドブック」，オーム社，(2008).
（６） International Symposium for Testing and Failure Analysis（ISTFA），ASM International主催，年1回，アメリカ各地で開催．
（７） LSIテスティングシンポジウム，LSIテスティング学会主催，年1回，大阪府で開催．

4.5.3（5）

（1） 関口秀紀，他，「LSI内部診断のためのEOプロービングシステム」，LSIテスティングシンポジウム，pp.158～163，（1996）．
（2） Guntherodt, H. –J. and R. Wiesendanger eds., "Scanning Tunneling Microscopy, I, II, III, Second edition", Springer-Verlag（1994），（1995），（1996）．
（3） 西川 治 編著，「走査プローブ顕微鏡」，丸善，（1998）．
（4） LSIテスティング学会編，「LSIテスティングハンドブック」，オーム社，（2008）．
（5） 二川 清，「LSIにおける故障解析技術」，日本信頼性学会（REAJ）誌，Vol.20., No.3, pp.200～213，（1998）．
（6） International Symposium for Testing and Failure Analysis（ISTFA），ASM International 主催，年1回，アメリカ各地で開催．
（7） International Reliability Physics Symposium（IRPS），IEEE 主催，年1回，アメリカ各地で開催．
（8） European Symposium on Reliability of Electron Devices, Failure Physics and Analysis（ESREF），年1回，ヨーロッパ各地で開催．
（9） LSIテスティングシンポジウム，LSIテスティング学会主催，年1回，大阪府で開催．

第5章　寿命データ解析

5.1.2（2）

（1） Schafft, H. and J.A.Lechner, "Statistics for Electromigration Testing," Int. Reliab. Phys. Sympo., pp.192～202，（1988）．

5.2

（1） Schafft, H. and J.A.Lechner, "Statistics for Electromigration Testing," Int. Reliab. Phys. Sympo., pp.192～202，（1988）．

5.3

（1） 益田昭彦，鈴木和幸 編「CARE パソコン信頼性解析法」，日科技連出版社，pp.120～128，（1991）．
（2） 「信頼性数値表 第2版」，日科技連出版，pp.31～42，（1995）．
（3） 「日科技連ワイブル確率紙」，日科技連出版社．
（4） 「日科技連対数正規確率紙」，日科技連出版社．
（5） 「日科技連ワイブル型累積ハザード紙」，日科技連出版社．

5.4

（1） 益田昭彦，鈴木和幸 編「CARE パソコン信頼性解析法」，日科技連出版社，（1991）．
（2） W. ネルソン 著，奥野忠一 監訳，「寿命データの解析」，日科技連出版社，（1988）．

第6章　具体例・応用例

6.2

（1） 渡部良道，那須一喜，二川 清，「エレクトロマイグレーション試験の検討」，日科技

連 信頼性・保全性シンポジウム発表報文集，pp.135〜144，（1989）．
（2） ここで用いたデータは横川慎二氏による．
（3） A. M. ムード，F. A. グレイビル著，大石泰彦 訳，「ムード／グレイビル 統計学入門 下」，好学社，p.280，（1970）．

6.3
（1） Gall, M., P. S. Ho, C. Capasso, D. Jawarani, R. Hernandez, and H.Kawasaki, "Electromigration Early Failure Distribution in Submicron Interconnects," Int. Intercon. Tech. Conf., IEEE, pp.270〜272, (1999).
（2） Gall, M., "Investigation of Electromigration Reliability in Al (Cu) Interconnects", Ph.D. Thesis, The University of Texas at Austin, (1999).
（3） 真壁 肇，「信頼性データの解析」，岩波書店，p.147〜151，（1987）．
（4） W. ネルソン 著，奥野忠一 監訳，「寿命データの解析」，日科技連出版社，p.141，（1988）．
（5） Gall, M., C. Capasso, D. Jawarani, R. Hernandez, and H. Kawasaki, P. S. Ho, "Statistical analysis of early failures in electromigration," J. App. Phys., vol.90, no.2, (2001).

6.4
（1） 二川 清，井上彰二，森本和幸，曽根伸哉，「IR-OBIRCH 手法を用いた半導体デバイス故障解析事例」，LSI テスティングシンポジウム会議録，pp.181〜186，（1998）．
（2） 森本和幸，曽根伸哉，二川 清，野口和男，井上彰二，「IR-OBIRCH 法による故障解析事例」，第 29 回 日科技連 信頼性・保全性シンポジウム発表報文集，pp.59〜64，（1999）．
（3） Mooij, "Electrical Conduction in Concentrated Disordered Transition Metal Alloys", Phys. Stat. Sol., (a), 17, pp.521〜530, (1973).
（4） 二川 清，「新版 LSI 故障解析技術」，日科技連出版社，pp.138〜143，（2011）．

6.5
（1） 二川 清，井上彰二，森本和幸，曽根伸哉，「IR-OBIRCH 手法を用いた半導体デバイス故障解析事例」，LSI テスティングシンポジウム会議録，pp.181〜186，（1998）．
（2） 森本和幸，曽根伸哉，二川 清，野口和男，井上彰二，「IR-OBIRCH 法による故障解析事例」，第 29 回 日科技連 信頼性・保全性シンポジウム発表報文集，pp.59〜64，（1999）．
（3） データは内藤電誠工業（初版当時）の森本和幸氏より．

6.6
（1） 二川 清，斎木敏治，井上彰二，大津元一，「SNOM 用プローブを用いた OBIRCH および OBIC 効果 −Al 配線および TiSi 配線の異常個所の検出と解析−」，第 17 回 LSI テスティングシンポジウム会議録，pp.185〜190，（1997）．
（2） Nikawa, K., T.Saiki, S.Inoue, M.Ohtsu, "Imaging of current paths and defects in Al and TiSi interconnect on very-large-scale integrated-circuit chips using near-

field optical-probe stimulation and resulting resistance change," Appl. Phys. Lett. vol.74, no.7, pp.1048〜1050, (1999).
（3） 二川 清, 「新版 LSI 故障解析技術」, 日科技連出版社, pp.138〜140, (2011).

6.7
（1） 小藪国広, 加藤正次, 平田幸雄, 大金秀治, 森本和幸,「EB テスタおよびエミッション顕微鏡を用いた LSI の故障解析」, LSI テスティングシンポジウム会議録, pp.199〜204, (1996).
（2） データは NEC（初版当時）の小藪国広氏, 内藤電誠工業（初版当時）の森本和幸氏より.

6.8
（1） 井原惇行, 他,「電子部品・実装の非破壊解析技術」, 第 28 回 日科技連 信頼性・保全性シンポジウム発表報文集, (1998).
（2） データは NEC（初版当時）の井原惇行氏より.

6.9
（1） 水野貴之「3.5.10 ナノプロービング法とその故障解析への応用」, LSI テスティング学会編,「LSI テスティングハンドブック」, オーム社, (2008)

6.10
（1） 工藤修一, 吉田岳司, 本田和仁, 村田直文, 廣瀬幸範, 片山俊治, 小守純子, 小山徹, 中前幸治,「SIL プレートを用いた発光解析と電子線トモグラフィによる結晶欠陥起因リーク不良の解析」, 第 31 回 LSI テスティングシンポジウム会議録, pp.303〜308, (2011).

6.11
（1） 早瀬洋平, 原 啓良, 小形信介, 張 利, 圷 晴子, 栗原美智男, 則松研二, 長峰真嗣,「SSRM（Scanning Spreading Resistance Microscopy）測定技術の故障解析への応用」, 第 31 回 LSI テスティングシンポジウム会議録, pp.315〜318, (2011).

さくいん

● 英数字

3D-AP　73
AES　71, 78, 80, 100
AFM方式　161
BIST　30
c.d.f.　105
DC的電流経路　55, 63
DFT　30
DRAM工程不良　153
EBAC　63, 78
EBSD　57, 80
EBテスタ　55, 63, 78, 85
EDS　71
EDX　71, 74, 78, 79, 99, 165
EELS　72, 78, 79, 163
EM　19
EMの寿命分布　143
EPMA　72, 98
ESD　48
FIB　35, 70, 78, 79, 91
FIT　8, 105
FLB　70
FTIR　57, 73
HAADF　165
HAST　32
Hの値をFに交換　121
Hの推定値　131
hの推定値　132
I_{DDQ}テスト　29
IR-OBIRCH　34, 59, 82, 153, 155, 156
JIS Z 8115　33
LAADF　165
LSIテスタ　61, 73
MIL-STD-883　33
NF-OBIRCH　157
OBIC　58, 64, 94
OBIRCH　55, 58, 63, 77, 78, 82, 156
OC曲線　49
PCT　32
p.d.f　104
PEM　34, 55, 77, 78, 80, 159
PIND　60, 65, 167
pパーセント点　119
RCI　63, 78
RIE　70
Sampling Inspection　106
SEM　57, 62, 74, 78, 79, 96,
SEM方式　161
SIL　164
SIM　35, 57, 63, 79, 91
SIMS　73, 80
SIMと比べると　97
SM　26
S-N曲線　45
SPM　101
SRAMのシングルビット不良　163
SSRM　102, 166
STEM　57, 78, 79, 164
t_{50}　24, 111
TCR　83
TDDB　28
TEG　45
TEM　57, 78, 79, 98
TEM観察試料作製の手順　94
TEMと比べると　97
TiSi配線TEG　156
VC　78
WDS　71
WDX　71, 99
XMA　72

さくいん

X 線 CT　　65, 74, 75, 160
X 線透視　　65, 74, 75
σ　　24

● あ 行

アレニウス　　39, 137
アレニウス則　　40
アレニウスの式　　40, 41, 137
アレニウスプロット　　41, 120, 121, 137, 145
アレニウスモデル　　40
イオン顕微鏡　　65
異常発光　　55
異常発熱　　56
異物　　60
裏面側からの観測の手段　　95
液晶塗布法　　56, 64
液晶法　　84
エネルギー分散型 X 線分光法　　71
エミッション顕微鏡　　34
エレクトロマイグレーション　　19
オージェ電子　　70
オージェ電子の発生過程　　100
オージェ電子分光法　　100
オパーク　　55
温度特性　　59
温度特性異常　　65

● か 行

確率紙　　125
確率紙に共通の考え方　　126
確率プロット　　12, 37, 106, 121, 125
確率密度関数　　104
加工法　　68
加速係数　　137
加速寿命試験　　32
活性化エネルギー　　21, 24, 40, 139
カーブトレーサ　　61, 73, 74
環境試験　　32
完全データ　　35, 122
競合型分布　　14
共焦点レーザ走査顕微鏡　　56, 66

局所的スパッタリング　　91
局所的な金属膜堆積　　91
金属顕微鏡　　56
金属薄膜の微細構造　　57
偶発故障期間　　14
区間推定　　37, 134
グラフィック解析法　　37, 106
形状パラメータ　　15, 24, 114, 117
形状や色の異常　　56
形態観察法　　65
限界モデル　　39
検査特性曲線　　49
原子流束　　22
顕微 FTIR　　74
光学顕微鏡　　65, 80
光学顕微鏡に比べると　　97
高加速ストレス試験　　32
故障　　17
故障解析　　32
故障解析の手順　　51
故障箇所を絞り込む　　33
故障診断　　34, 79, 91
故障物理　　17
故障メカニズム　　10
故障モード　　10
故障率　　105, 108, 109
固浸レンズ　　67, 164
混合分布　　14

● さ 行

最尤法　　136
さかのぼり手法　　87
サドンデス　　31, 149
3 次元アトムプローブ　　73
サンプリング　　106
サンプリングによるバラツキ　　107
サンプル数　　12
指数分布　　113
指数分布とポアソン分布の関係　　113
実際の故障時間分布　　12
実際の使用時の故障率を推定　　146

実体顕微鏡　56, 74
霜付け法　64
集束イオンビーム　35
集束レーザビーム　70
樹脂封止パッケージ　68
寿命データの種類　35
寿命データ解析　37
寿命データ解析の流れ　120
寿命分布　104
冗長系　6
消費者危険　49
初期故障期間　14
ショットキー障壁　59
人体モデル　48
信頼性試験　30, 140
信頼性試験項目　46
信頼性設計　14
信頼性物理　17
信頼度　105, 112
数値解析法　38, 106, 107
数値データ解析　134
スクリーニング　49
ストレス－強度モデル　43
ストレスマイグレーション　26
ストロボSEM　86
ストロボ法　63
正規分布のサンプル平均の性質　148
生産者危険　49
赤外（熱）顕微鏡　64, 74, 77, 78
赤外利用光ビーム加熱抵抗変動　34
走査イオン顕微鏡　35
走査型透過電子顕微鏡　57
走査電子顕微鏡　57
組成分析　57, 70

● た　行
耐久モデル　39
対数正規確率紙　129
対数正規確率紙の構成と使い方　129
対数正規確率プロット　120, 129, 145
対数正規分布　23, 117

耐用寿命　15
断面研磨　74
断面出しを行う手順　93
チップ裏面側からの観測　95
チャージアップ　62
チャージアップの制御　63
超音波顕微鏡　65, 75
超音波の反射　60
超音波反射像　74
直列系　6
抵抗性コントラスト像　63
抵抗の温度係数 TCR　83
定時打ち切り　35, 122, 136
定数打ち切り　35, 122
テスタビリティ　30
デバイスアワー　31
デバイス帯電モデル　48
デバギング　49
電位コントラスト　63
電位波形をベースにしたさかのぼり手法　89
電位分布像をベースにしたさかのぼり手法　89
電気化学的マイグレーション　47
電気的評価方法　61
電子顕微鏡　65
電子・正孔対　58
電子線エネルギー損失電子分光法　72
電子線回折　57
電子線トモグラフィー　164, 166
電子ビーム吸収電流　63
電子ビームテスタ　55
点推定　37
電流の異常　55
透過電子顕微鏡　57
特異現象観察法　63
特性X線　70, 98

● な　行
内部光電効果　65
ナノプロービング　62, 78, 79, 161

2次イオン質量分析法　73
抜き取り検査　106
熱起電力電流　59, 65
熱伝導異常　65
熱伝導阻害物　58
熱濃硫酸　68
熱膨張係数の差　26

● は 行
ハザード値　109
バスタブ曲線　14
パーセント点　106
波長分散型X線分光法　71
発煙硝酸　68
パッケージ開封　74
発　光　63
発　熱　64
ハーメチックシールパッケージ　69
パラメータの推定　37
パワー MOSFET　155
反応性イオンエッチング　70
半破壊解析法　34
非修理系　6
ヒストグラム　104
非飽和PCT　32
標準正規分布　129
フィット　8
不完全データ　35
不信頼度　105
物理（化学）（的）解析　52, 78, 95
プラスチックモールドパッケージ　68
ブラックの式　24, 42, 143
不　良　17
プレッシャークッカー試験　32
ブレッヒ　23
分布の全体像　148
分布の短い側の裾の部分　148
平均故障寿命　109

平均寿命　104, 112
べき乗則　41
ポップコーン現象　75

● ま 行
マイナー則　44
マシンモデル　48
摩耗故障期間　14
マルチ対数正規分布　119, 150
メディアン　111
メディアン寿命　24, 42, 104, 111
面実装パッケージ　75

● ら 行
ランダム打ち切りデータ　35, 123
律速過程　42
粒子衝突雑音検出　60
両対数プロット　121
理論分布　12
理論分布への適合性　37
累積確率プロット法　131
累積故障確率　105, 110
累積故障率　110
累積損傷則　44
累積ハザード紙　125
累積ハザード値　109
累積ハザードプロット　37, 106, 121, 131
累積分布関数　105
ロックイン利用発熱解析法　64, 76
ロット間のバラツキ　147

● わ 行
ワイブル確率紙　126
ワイブル確率紙の構成と使い方　127
ワイブル確率プロット　120, 126
ワイブル型累積ハザード紙　131
ワイブル分布　114

著者略歴

二川　清（にかわ・きよし）

- 1974年　大阪大学大学院基礎工学研究科修士課程修了
- 1974年　日本電気株式会社（NEC）入社（～2009年）
- 1990年　デバイス評価技術研究所主管研究員など歴任
- 2007年　金沢工業大学大学院客員教授
- 2010年　大阪大学大学院特任教授（～2012年）
  　　　　現在に至る

はじめてのデバイス評価技術（第2版）　　　©二川　清　*2012*

2012年 9月19日　第2版第1刷発行　　【本書の無断転載を禁ず】
2024年 7月24日　第2版第2刷発行

著　者　二川　清
発行者　森北博巳
発行所　森北出版株式会社
　　　　東京都千代田区富士見 1-4-11（〒102-0071）
　　　　電話 03-3265-8341／FAX 03-3264-8709
　　　　https://www.morikita.co.jp/
　　　　日本書籍出版協会・自然科学書協会　会員
　　　　JCOPY ＜(一社)出版者著作権管理機構　委託出版物＞

落丁・乱丁本はお取替えいたします　　　印刷・製本／ワコー
Printed in Japan／ISBN978-4-627-77442-1